インプレスR&D [NextPublishing]

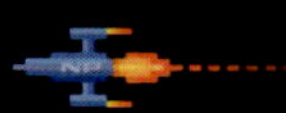

技術の泉 SERIES

E-Book / Print Book

レベルアップPHP

佐々木 勝広 著

PHPの理解を深めて開発スキルをステップアップ!

言語を理解して中級者へ

impress R&D

An impress Group Company

目次

まえがき

本書を手にとっていただきまして、ありがとうございます。

本書のコンセプト

本書はPHPの入門書を読み終えた方が**さらなる実力**をつけるための本です。PHPの本は初心者向けやフレームワークに関するものが多いのですが、本書は**PHPそのもので中級者になる**ことを想定して執筆しました。

そのため、本書は一般的なPHPの入門書にはあまり載っていない事柄を中心に掲載しています。言語を深掘りすることで、理解度を高めていくことが狙いです。

また、本書は**PHPの言語そのものについて書いた本**であり、特定のフレームワークに依存する内容ではありません。どのPHPフレームワークを使っていても役に立つ内容になっています。

本書のターゲット

・PHPの入門書を読み終え、次のステップを目指している方
・昔のPHPは使っていたが、最近のPHPは分からない方
・プログラミング言語としてのPHPの理解を深めたい方

PHPは常に進化しており、本書の執筆時点ではPHP7.3が最新バージョンです。本書はこのPHP7系の時流に乗った内容を意識しているため、PHP5からPHP7への橋渡しとしてもお使いいただけます。

PHPについての理解度を深めると、普段のPHPプログラミングにも幅が広がります。**初級者から中級者を目指すレベルアップの旅路**に、本書が少しでもお役に立てば幸いです。

サンプルコードのダウンロード

本書のサンプルコードは、GitHub上の次のリポジトリーに掲載しています。

https://github.com/konosumi/techbook-levelupphp-sample.git

「Clone or download」より「Download ZIP」をクリックするか、お手持ちのGitクライアントにてcloneしてご利用ください。

リスト1: サンプルコードの利用例

```
# コマンドラインのGitからサンプルをダウンロードする場合
git clone https://github.com/konosumi/techbook-levelupphp-sample.git
cd techbook-levelupphp-sample

# 本書のサンプルは、コマンドライン(CLI)のPHPで動作します
php hello-levelup.php
```

本書のサンプルは、全て純粋なPHPコードです。入門書などで構築したPHP環境は、そのままお使いください。

なお、本書のサンプルコードはコマンドライン(CLI)のPHPで動作することを想定しています。Macでの動作も想定して、MacにインストールされているPHP7.1.19での動作確認も行いました。そのため、Macユーザーであれば、とくに環境構築は必要ありません。

ただし一部でPHP7.2以降の文法を使っているため、その場合はPHPBrewなどをご利用ください。PHPBrewを使うと、いつでもPHPのバージョンを切り替えることが可能です。

免責事項

本書に記載された内容は、情報の提供のみを目的としています。したがって、本書を用いた開発、製作、運用は、必ずご自身の責任と判断によって行ってください。これらの情報による開発、製作、運用の結果について、著者はいかなる責任も負いません。

表記関係について

本書に記載されている会社名、製品名などは、一般に各社の登録商標または商標、商品名です。会社名、製品名については、本文中では©、®、™マークなどは表示していません。

底本について

本書籍は、技術系同人誌即売会「技術書典5」で頒布されたものを底本としています。

第1章　型別に理解する変数の扱い方

変数はプログラミングにおいてもっとも基本であり、もっとも重要です。まずは、PHPにおける変数について型別にみていきましょう。

1.1　変数の型

> **PHPマニュアルより**
>
> 言語リファレンス > 型
>
> http://php.net/manual/ja/language.types.php

PHPの変数には、他のプログラミング言語同様さまざまな型があります。

・論理型（boolean）
・整数（ingeger）
・浮動小数点数（float,double,実数）
・文字列（string）
・配列（array）
・（PHP7.1）繰り返し可能（iterable）
・オブジェクト（object）
・リソース（resource）
・NULL
・（PHP5.4）コールバック（callable）

この中で、iterableとcallableは疑似型と呼ばれる型です。後ほど登場する型宣言で主に利用します。

なお、細かい説明をすると型の情報を持っているのはzval構造体なのですが、興味がある方はPHP7におけるzval構造体について調べてみてください。

> **zval構造体について**
>
> 中級者のレベルを超える内容かもしれませんが、この点は本書でも触れておきます。PHP7ではPHP5系に比べて大幅にパフォーマンスが向上しています。これには、PHPの内部における変数の管理方法が影響しています。
>
> すぐに理解するのは難しいかもしれません。鍵は、ポインタ参照という構造を理解できるかどうかです。今の時点では、PHP7で内部的なデータ構造が大胆に効率化されているという点は忘れずに覚えておきましょう。次の記事が参考になります。
>
> ・PHP7はなぜ速いのか（zval編）

—https://hnw.hatenablog.com/entry/20141207
・PHP7の肝 zval構造体を読み解く
—https://qiita.com/DQNEO/items/a5d9f5d80dc8b14071f4

1.2 論理型（boolean）

PHPマニュアルより

言語リファレンス > 型 > 論理型 (boolean)

http://php.net/manual/ja/language.types.boolean.php

論理型はもっとも単純な型で、真偽の値を表します。真（true）または偽（false）のいずれかの値になります。

リスト1.1:

```
$a = true;
$b = false;
echo gettype($a).PHP_EOL; // boolean
```

1.2.1 真偽値を返す演算子

論理型は単純な値ですが、とても重要です。なぜならば、**PHPには真偽値を返す演算子がたくさんある**からです。

・比較演算子（===, !==, <...）
・論理演算子（and, !, ||...）
・配列演算子（==, <>, !=...）
・型演算子（instanceof）

「if ($c > $d) {}」のような制御構文ではまず比較演算子が働き、論理型の値が生成されます。そして、その結果がifで判定されます。

リスト1.2: 比較演算子を使うと、真偽値が返却される

```
$c = 1;
$d = 2;
var_dump($c === $d); // bool(false)
var_dump($c > $d);   // bool(false)
```

「ifの判定は、真偽値によって行われる」。この感覚は重要なので、絶対に忘れないようにしてください。PHPに限らず他の多くのプログラミング言語でも、ifの判定は最終的に真偽値によって行われます。

1.3 整数（ingeger）

> **PHPマニュアルより**
>
> 言語リファレンス ＞ 型 ＞ 整数
>
> http://php.net/manual/ja/language.types.integer.php

整数には、大きく分けて「正の整数」「ゼロ」「負の整数」があります。

リスト1.3:

```
$a = 3;   // 正の整数
$b = 0;   // ゼロ
$c = -10; // 負の整数
echo gettype($a).PHP_EOL; // integer
```

1.3.1 2進数・8進数・16進数

2進数・8進数・16進数による表現も可能です。

リスト1.4:

```
$a2 = 0b111;     // 2進数(先頭に0b)
var_dump($a2);  // int(7)
$a8 = 012;       // 8進数(先頭に0)
var_dump($a8);  // int(10)
$a16 = 0x1A;     // 16進数(先頭に0x)
var_dump($a16); // int(26)
```

2進数以外を使う機会があるのかと疑問に思う方もいらっしゃるかもしれません。実はWebプログラミングの世界ではよく使われています。たとえば、次のような数値で利用されています。

- 16進数の例：HTMLのカラーコード（#ffffffなど）
- 8進数の例：Linuxにおけるファイルのパーミッション（0755など）

2・8・16進数について、筆者は基本情報技術者試験の勉強で習得しました。ぜひこの機会に知っておくことをオススメします。

1.3.2 整数の最大値と最小値

PHPでは整数で表現可能な範囲が決められています。とても大きな値ですのでなかなか意識する機会はありませんが、知っておく必要があります。

なお、PHP7でPHP_INT_MINという定数が追加されています。

リスト1.5: 整数の範囲(最大値と最小値)は定数から取得できる

```
// 整数の最大値
$max = PHP_INT_MAX;
var_dump($max); // int(9223372036854775807)
// 整数の最小値
$min = PHP_INT_MIN; // (PHP7.0)
var_dump($min); // int(-9223372036854775808)
```

この値は、プラットフォーム（環境）に依存する点に注意してください。32ビットの環境下では約20億となり、64ビットの環境下では約900京になります。

なお、PHP5におけるWindows環境では、常に32ビットです。

> **ギガウイング2と京点超え**
>
> 余談ですが、筆者はシューティングゲーマーです。ギガウイング2（開発：匠、販売：カプコン）では、スコアが京点を超えます。
>
> ギガウイング2は1999年にリリースされたゲームです。当時のPHPでスコアを扱ったら、カンスト（カウンターストップ）を起こすこと必至です。ちなみに、ギガウイング2はアーケードでリリースされ、ドリームキャストに移植されています。
>
> 筆者は青春時代をゲームセンターで過ごしました。

1.3.3　整数の範囲を超えるとどうなるのか

整数の範囲を超えても、プログラムはエラーになりません。しかし想定外の現象が発生します。この現象のことを、桁あふれ（オーバーフロー）と言います。

リスト1.6: 整数の範囲を超えると桁あふれ（オーバーフロー）がおきる

```
$overMax = PHP_INT_MAX + 100;
var_dump($overMax); // float(9.2233720368548E+18)
$overMin = PHP_INT_MIN - 100;
var_dump($overMin); // float(-9.2233720368548E+18)
```

整数で表現できる限界を超えてしまったため、10の18乗のような浮動小数点数（float）型に変換されました。なお、変換が強引であることは、次の判定を見るとわかります。

リスト1.7: 桁あふれの環境下では正確な判定ができない

```
$over100 = PHP_INT_MAX + 100;
$over101 = PHP_INT_MAX + 101;
var_dump($over100 === $over101); // bool(true)
```

桁あふれ（オーバーフロー）は、誤判定を起こしてしまうほどの想定外な現象です。PHPで整数を扱う場合、オーバーフローしないように注意しなければなりません。特に、ユーザーが入力した数値は必ず範囲内に収まっているかどうか、入力時にチェックするようにしましょう。

1.3.4 （PHP5.6）累乗演算子

PHP5.6で、累乗演算子が追加されました。「2の3乗」など、乗数を使った演算子です。

リスト1.8:

```
// PHP5.5まではpow()を使う必要がありました
var_dump(pow(2, 3)); // int(8)
// PHP5.6で**演算子が追加されました
var_dump(2 ** 3); // int(8)

// 数値でない値を累乗しようとすると警告が発生します
// Warning: A non-numeric value encountered
var_dump('a' ** 3); // int(0)
```

他のプログラミング言語では「べき乗演算子」と呼ばれることもあります。なお、「**」がメジャーですが、「^」が使われる言語もあります。

1.4 浮動小数点数（float, double, 実数）

> PHPマニュアルより
>
> 言語リファレンス ＞ 型 ＞ 浮動小数点数
>
> http://php.net/manual/ja/language.types.float.php

浮動小数点数は、小数を含めた数を表現できる型です。「浮動小数点数（float）」「倍精度浮動小数点数（double）」「実数（real）」などと明確に区別されているプログラミング言語もありますが、PHPではすべてfloatになります。

リスト1.9:

```
$a = 1.123; // 通常の小数
$b = 1.1e2; // 指数形式(1.1×10の2乗)
$c = -3E-2;  // Eは小文字も大文字も可能(-3×10の-2乗)
var_dump($a); // float(1.123)
var_dump($b); // float(110)
var_dump($c); // float(-0.03)
```

指数形式では多少の数学についての知識が必要になりますが、通常のWebプログラミングで必要になることはあまりないでしょう。

1.4.1 PHPは小数が得意ではない

PHPに限らず、多くのコンピューターは小数を苦手としています。浮動小数点数の精度は有限なため、PHPでは正確に表現できない小数が存在します。表現には限界があるのです。

この点についての理解を深めるため、誤判定が発生するサンプルを用意しました。リスト1.10では「1.1 + 2.2 = 3.3」であるはずなのに、結果が偽（false）になります。

リスト1.10: 小数の誤判定が発生し「1.1 + 2.2 = 3.3」にならない

```
$d = 1.1;
$e = 2.2;
$f = $d + $e;
var_dump($f === 3.3); // bool(false)
```

このような不具合がおきる原因は、PHPが持つ内部的な値の精度の限界にあります。別の例を見てみましょう。

リスト1.11: 7.9999999999999991118になるため、比較が一致しない

```
$g = (0.1 + 0.7) * 10;
var_dump($g === 8.0); // bool(false)
```

精度の限界により誤差が発生しています。そのため、一致しないという結果になります。

1.4.2 小数を扱う上で気をつけるべきこと

誤判定の例で見てきたように、PHPの小数には限界があります。そのため、次の点に注意してください。

- 小数を直接比較して、等しいかどうかを調べてはならない。
- 小数は表現の限界により、丸めによる誤差が発生する可能性がある。

正確に値を表現できない小数が存在する、ということを必ず覚えておきましょう。小数を安易に扱ってしまうと、思わぬ不具合に遭遇する可能性があります。

なお、より詳しい理由が気になる方は、公式マニュアルを参照してください。

- 警告：浮動小数点数の精度
  —http://php.net/manual/ja/language.types.float.php

1.5 文字列（string）

PHPマニュアルより

言語リファレンス > 型 > 文字列

http://php.net/manual/ja/language.types.string.php

Webプログラミングでは文字列を頻繁に利用します。ユーザー名からメールアドレスにいたるまで、対象とする文字列はさまざまです。

リスト1.12:

```
$a = 'abc';
$b = 'あいうえお';
echo gettype($a).PHP_EOL; // string
```

1.5.1 文字列の長さに制限はない

整数に最大値と最小値があるならば、文字列の長さにも制限があると考えるのが自然です。実は、これは環境によって異なります。PHP7では、64ビット環境では文字数の長さに制限がありません。32ビット環境では、文字列の最大長は2GB（2147483647バイト）が上限です。

1.5.2 文字列の長さで体感するメモリーオーバー

文字列の長さに制限がなかったとしても、実際に長い文字列を生成するとメモリーが先に不足します。

リスト1.13: 長すぎる文字列ではメモリーが不足する

```
// Fatal error: Allowed memory size of 134217728 bytes
// exhausted (tried to allocate 2147483679 bytes)
$c = str_repeat('a', 2147483647);
```

リスト1.13ではstr_repeat()を使い、「a」という文字を32ビット環境の限界まで繰り返し生成しようと試みました。しかし、メモリーが足りなくなりプログラムは異常終了します。これを、メモリーオーバーと言います。

より理解しやすくするために、1文字ずつ文字を足していくプログラムを用意しました。

リスト1.14: 文字列が長くなるごとにメモリー使用量が増えていく

```
$d = '';
for ($i = 1; $i < 2147483647; $i++) {
    $d .= 'a';

    // 100文字ごとに途中経過を出力する
    if (strlen($d) % 100 !== 0) {
        continue;
    }

    // len:130023300 memory:130376552
    echo 'len:'. strlen($d). ' memory:'. memory_get_usage(). PHP_EOL;
}
```

このプログラムを実行すると、少しずつメモリー使用量が増えていく過程が可視化されます。文字列の長さに制限はなかったとしても、メモリーには限界があります。長さには制限を設け、プログラム側で入力をチェックする必要があります。

1.5.3　半角と全角文字列の違い

PHPで文字列を扱う上で、もっともトラブルが起きやすいのが全角の日本語、いわゆるマルチバイト文字列です。まずは、半角のASCII文字列との違いを理解しましょう。

リスト1.15: 半角のASCII文字列と、全角マルチバイト文字列の違い

```
$a = 'abc';    // 半角のASCII文字列
$b = 'あいう'; // 全角の日本語マルチバイト文字列
echo 'strlen:'. strlen($a). PHP_EOL; // strlen:3
echo 'strlen:'. strlen($b). PHP_EOL; // strlen:9
```

「abc」も「あいう」も3文字かと思いきや、全角文字列は9文字と判定されました。PHPの内部において、日本語の全角文字列はその表現にマルチバイト（複数バイト）を消費しているからです。

1.5.4　マルチバイト文字列に対応したmb_関数

全角のマルチバイト文字列（日本語のひらがなや漢字など）を1文字として判定したい場合、mb_strlen()を使用します。

リスト1.16: マルチバイトを加味した文字数の判定

```
echo 'mb_strlen:'. mb_strlen($b). PHP_EOL; // mb_strlen:3
```

mb_strlen()は、全角のマルチバイト文字列も加味した文字数を返却する関数です。その他にも、マルチバイトを加味して文字列を判定（処理）したい場合は専用の関数が用意されています。

> **PHPマニュアルより**
>
> 自然言語および文字エンコーディング > マルチバイト文字列 > 関数
>
> http://php.net/manual/ja/ref.mbstring.php

なお、マルチバイトに対応した関数は「mb_」ではじまります。

1.5.5　半角と全角のゆらぎの統一

mb_convert_kana()による文字列の変換は、日本語を扱う上でとても重要です。

リスト1.17: mb_convert_kana()による日本語文字列の変換

```
// (変換前)全角の1(全角スペース)あ(全角スペース)半角のｲ
$c = "１　あ　ｲ";
// (変換後)半角の1(半角スペース)あ(半角スペース)全角のイ
$d = mb_convert_kana($c, 'Kas');
echo $c. PHP_EOL; // １　あ　ｲ
echo $d. PHP_EOL; // 1 あ イ
```

このプログラムは、次の変換を行っています。

- K「半角カタカナ」を「全角カタカナ」に変換します。
- a「全角」英数字を「半角」に変換します。
- s「全角」スペースを「半角」に変換します。

これが、半角と全角のゆらぎの統一です。全角の「１」と半角の「1」が混ざってしまうと、文字列検索で片方だけヒットしないといった状況がよく起こります。また、カタカナを全角カナで統一することができるといった理由もあります。

入力画面上に「数値は半角で入力してください」と書いたとしても、全角で入力してしまう人は意外と多いです。ちょっとした変換という“おもてなし”によって、全角と半角によるゆらぎを統一することができるのです。

mb_convert_kana()の詳細なオプションは、公式のリファレンスを参照してください。

> **PHPマニュアルより**
>
> マルチバイト文字列 > 関数 > mb_convert_kana
>
> http://php.net/manual/ja/function.mb-convert-kana.php

1.5.6 日本語文字列の文字コード

サンプルプログラムでは、「あいう」が9文字と判定されました。「あいう」がUTF-8の3バイト文字列だからです。実は、日本語文字列にはさまざまな表現方式があります。

- ISO-2022-JP： 主に電子メールで使われます。
- EUC-JP： 歴史のあるWebサイトではまだまだ使われています。UNIX上で日本語を扱う場合にも利用されます。
- SHIFT-JIS（SJIS）： 主にフィーチャーフォン（ガラケー）向けのモバイルサイトで使われます。
- UTF-8： Unicodeによる文字集合を採用し、多種多様な文字をひとつの文字コードで表現することができます。

Webの世界における、現在の主流は「UTF-8」です。「Yahoo! JAPAN」のホームページのソースを開くと、「UTF-8」が使われていることがわかります。

リスト1.18:「Yahoo! JAPAN」ではUTF-8が採用されている

```
<meta http-equiv="content-type" content="text/html; charset=utf-8">
```

「UTF-8」の強みは、アラビア文字からUnicode絵文字にいたるまで、多種多様な文字列をひとつの文字コードで表現できる点にあります。グローバル化が叫ばれている現代では、とても重宝される文字コードです。

UTF-8の日本語文字列のバイト数

「あいう」はUTF-8の3バイト文字列なので、9バイトと判定されました。では、すべての日本語が3バイトなのかというと、そうとは限りません。「JIS X 0213の第3・4水準漢字」の一部は、4バイト文字に該当します。

なお、mb_strlen()は4バイトの漢字も正しく判定してくれます。ありがたいです。

リスト1.19: 4バイトになる漢字の例

```
var_dump(strlen(''));     // int(8)
var_dump(mb_strlen('')); // int(2)
```

UTF-8の4バイトには、漢字の他に絵文字もあります。特にスマホや携帯向けのサービスでは、ユーザーが入力する文字列には絵文字が入る可能性があることを覚えておきましょう。

- UTF-8で4バイトになる文字
  —https://www.softel.co.jp/blogs/tech/archives/596

1.5.7　文字コードの推定

「UTF-8」のWebサイトを構築してPHPファイルも「UTF-8」で保存していれば問題になることは少なくなります。しかし、外部からのファイルアップロードやExcel向けに文字コードをSJISにしたCSV出力など、文字コードを意識する機会は意外とあります。

そこで登場するのが、文字コードの検出や変換を行なう関数です。

リスト1.20: mb_detect_encoding()による文字コードの検出

```
$e = 'あいう';
echo mb_detect_encoding($e, 'auto'). PHP_EOL; // UTF-8
```

サンプルプログラムはUTF-8で保存しているので、文字コードがUTF-8であると検出されました。なお、autoはphp.iniの言語設定による自動判定オプションです。

ただし、検出した文字コードが必ずしも正確であるとは限りません。この関数が行なうのは、あくまで推定です。そこで、明示的に検出する文字コードを指定して判定の精度を上げるといった対策がとられます。

リスト1.21: 想定される文字コードを優先度順に列挙することで、検出精度を高める

```
$detectOrder = "ASCII,JIS,UTF-8,EUC-JP,SJIS";
echo mb_detect_encoding($e, $detectOrder). PHP_EOL; // UTF-8
```

登場頻度の高い文字コードを先頭に置くほど、正答率が高まります。しかし、これでも完璧と言い切ることはできません。

mb_detect_encoding()が行うのはあくまで検出であり、推定なのです。文字コードの検出は安易にPHPで行わず、HTMLや電子メールのヘッダーに書いてある文字コード（charset）を使うことを推奨します。

1.5.8 文字コードの変換

mb_convert_encoding()を使うと、自由に文字コードを変換することができます。

リスト1.22: mb_convert_encoding()による文字コードの変換

```
$f = 'あいう';
$g = mb_convert_encoding($f, 'SJIS', 'UTF-8');
echo $g. PHP_EOL; // ??????(SJISになったので文字化けしてしまった)
$detectOrder = "ASCII,JIS,UTF-8,EUC-JP,SJIS";
echo mb_detect_encoding($g, $detectOrder). PHP_EOL; // SJIS
```

この例では、UTF-8の文字列をSJISへ文字コード変換しています。筆者は、Excel向けのCSV出力などでmb_convert_encoding()を使います。

利用機会は多くありませんが、外部連携が必要なシステムでは必要になる局面があります。ぜひ覚えておきましょう。

1.5.9 内部的な文字コード

PHPにおけるマルチバイト文字列の処理では、内部的な文字コード設定が使われます。mb_internal_encoding()で取得したり、変更することが可能です。

リスト1.23: PHPの内部的な文字コード設定の取得

```
echo mb_internal_encoding(). PHP_EOL; // UTF-8
```

この内部的な文字コードは、そもそもどこで定義されているのかと疑問に思われるかもしれません。デフォルトの文字コード設定は、PHPの設定ファイルであるphp.iniで行います。項目ではdefault_charsetが該当します。

PHPマニュアルより

コアphp.iniディレクティブに関する説明 > default_charset

http://php.net/manual/ja/ini.core.php#ini.default-charset

説明を読むと「PHP5.6.0以降は "UTF-8" がデフォルトになり」と書いてあります。つまり、新しいPHPでは明示的に設定を変更しない限りUTF-8になります。逆に捉えると、PHPは文字列をUTF-8で扱うことを推奨しているとも言えます。

php.iniは重要な設定ファイル

php.iniは、PHPの設定ファイルです。さまざまなPHPの設定を統括して管理します。

PHPを自由自在に扱えるようになるためには、php.iniを避けて通ることはできません。まずは、ご自身の環境におけるphp.iniを見てみましょう。

なお、Macに最初から入っているphp.iniは、次のいずれかのパスで確認することができます。

- /private/etc/php.ini.default
- /etc/php.ini.default

- 参考：もういい加減覚えよう。php.iniはどこにあるのか
  —https://qiita.com/ritukiii/items/624eb475b85e28613a70

また、気軽にphp.iniの設定変更を体験したい場合、コマンドラインのPHPで「-c」オプションを使うのがオススメです。

リスト1.24: 自分でカスタマイズしたphp.iniを読み込ませる

```
php -c /path/to/your/customize/php.ini hello-levelup.php
```

「-c」オプションでは、明示的に利用するphp.iniを指定することができます。自分で設定変更したphp.iniを使い、設定が変わっているかどうか確かめてみましょう。

また、Apache用の.htaccessファイルで変更する方法も使われます。php.iniが変更できないレンタルサーバーでは、とくに重宝する手段のひとつです。

1.5.10 文字列と改行コード

ファイルや文字列には、改行コードがあります。文字列で改行コードを扱うことは多いので、知っておきましょう。

- Windows： CR+LF(\r\n)
- MacOS（9以前）：CR(\r)
- MacOS（X以降）、Unix/Linux：LF(\n)

環境によって違うのでややこしいですが、「CR+LF」「CR」「LF」の3種類があると覚えておきましょう。PHP_EOLという定数を使うと、自動的に環境毎に改行コードを出し分けてくれます。

一方で、Webの世界におけるHTMLでは、改行は
タグで表現します。HTML上では、変換をして表示しなければなりません。

リスト1.25: 改行コードを
タグに変換する

```
// foo isn't <br />
// bar
echo nl2br("foo isn't \r\n bar").PHP_EOL;
echo "----------".PHP_EOL;
```

```
// foo isn't <br />
// bar
echo nl2br("foo isn't \n bar").PHP_EOL;
```

PHPには、nl2br()という改行コードの前に
タグを挿入する関数があります。生成結果を見ると、
ではなく
になっています。この違いは、XHTMLであるかどうかです。

PHPマニュアルより

文字列 > String関数 > nl2br

http://php.net/manual/ja/function.nl2br.php

公式リファレンスには「is_xhtml： XHTML準拠の改行を使うか否か。」と書いてあります。多くのブラウザーは
と
のどちらでも解釈してしまうため、明確に意識する機会はあまりありません。

XHTMLでは、閉じタグ（</p>など）のない単発のタグに「/>」を使います。このタグは単発のタグなので、閉じタグはありませんよという意思表示です。

ちなみに、「nl2br()があるならば、br2nr()もあるのでは？」と思うかもしれませんが、残念ながら公式にはありません。しかし、br2nrで検索をすると、有志が開発した関数がヒットします。

HTMLの種類

HTMLにも色々あります。主な3種類を紹介します。

・HTML4.01： 1999年に勧告された、歴史のあるHTML
・XHTML： HTML4.01からの派生系。独自のタグを設定できる。
・HTML5： HTML4.01からの進化系。ブラウザー側の対応が進み、主流となりつつある。

「Yahoo! JAPAN」のホームページのソースを開くと、HTML4.01が使われていることがわかります。

リスト1.26:

```
<!DOCTYPE HTML PUBLIC "-//W3C//DTD HTML 4.01
Transitional//EN" "http://www.w3.org/TR/html4/loose.dtd">
```

IE8やそれ以前をサポート対象にした場合、「HTML5とCSS3」が使えません。逆に言えば、古いブラウザーを切るという決断をすることで、HTML5とCSS3が使えます。PHPにもバージョンがあるように、HTMLにもバージョンがあるというわけです。

1.5.11 ブラウザーと改行コード

ブラウザー（HTML）にも改行コードがあります。MacOSの「Firefox」「Safari」「Google Chrome」で実際に試してみました。

次のようなテキストエリアをフォームで送信してみたところ、文字列の改行コードはCR+LF（\r\n）

で送信されました。

リスト1.27: テキストエリアに改行付きの文字を入れて送信する

```
<form method="post">
  <textarea name="test">あいうえお
かきくけこ</textarea>
  <input type="submit" value="送信する">
</form>
```

テキストエリアをはじめとする$_POST（または$_GET）の入力値にも改行コードは含まれています。基本的には「CR+LF」がベースになりますが、送信される改行コードが変わる可能性も考慮してプログラミングするようにしましょう。

リスト1.28: 送信されたテキストエリアからCR+LF(\r\n)を探してみる

```
var_dump(strpos($_POST['test'], "\r\n")); // int(15)
```

> **文字コードで挫折したPHP6**
>
> 「PHP5の次は、なぜPHP7なのか?」不思議に思う方もいるでしょう。実は、PHP6はなかったわけではなく、途中で開発が頓挫したため廃番になっています。
>
> PHP6では「内部的な文字列をすべてUTF-16で実装する」という方針がありました。これには、すべての文字列を透過的にマルチバイト文字列として扱えるメリットがあります。
>
> しかし、実装の大変さに加えてCPUの負荷上昇やメモリー使用量の増加などの問題が頻出しました。これらによる開発の遅延の結果、最終的に開発の中止が決定されたのです。

1.6 配列(array)

> **PHPマニュアルより**
>
> 言語リファレンス > 型 > 配列
>
> http://php.net/manual/ja/language.types.array.php

配列の解説に進む前に、まずは配列の短縮構文について説明します。PHP5.4で追加された、非常に便利なシンタックスです。

リスト1.29: (PHP5.4)配列の短縮構文

```
$array = array(1, 2, 3); // 通常の配列定義
$array = [1, 2, 3]; // (PHP5.4)配列定義の短縮構文
```

配列はPHPプログラミングで多用しますので、短く書けると便利です。覚えておきましょう。

1.6.1 添字配列と連想配列

PHPの配列には、大きくわけて添字配列と連想配列があります。連想配列では、配列の各要素に要素名を付けるという違いがあります。

リスト1.30: 添字配列の基本形（要素名を付けない）

```
$a = ['a', 'b'];
// array(2) {[0]=> string(1) "a" [1]=> string(1) "b"}
var_dump($a);
```

リスト1.31: 連想配列の基本形（要素名を付ける）

```
$b = [
    "a" => "b",
    "c" => "d",
];
// array(2) {["a"]=> string(1) "b" ["c"]=> string(1) "d"}
var_dump($b);
```

1.6.2 配列の混在によるトラブル

PHPにおける配列では、添字配列と連想配列の違いを意識する必要があります。なぜならば、添字配列と連想配列が混在できる特性があるからです。

リスト1.32: 添字配列と連想配列の混在によるトラブル

```
$mixArray = [1, 2, 'fruits' => 'apple', 4];
// [0]=> 1 [1]=> 2 ["fruits"]=> "apple" [2]=> 4
var_dump($mixArray);

// 添字配列だと思っていると、思わぬ不具合に遭遇する
$count = count($mixArray);
for ($i = 0; $i < $count; $i++) {
    // 連想配列の部分だけ取得できない
    // int(1) int(2) int(4) NULL
    var_dump($mixArray[$i]);
}
```

さすがに、このような配列を定義する人はいないかと思います。添字配列と連想配列を関係なく取得するためには、foreachを使います。

リスト1.33: foreachを使えば、添字配列と連想配列を両方とも取得できる

```
foreach ($mixArray as $key => $val) {
    // 0 => 1, 1 => 2, fruits => apple, 2 => 4
    echo $key. ' => '. $val.PHP_EOL;
}
```

PHPにおける添字配列は、「要素名が数値である連想配列」と理解することを推奨します。添字配列では明示的に要素名を付けないのですが、PHPによって自動的に数値の要素名が付与されているという理屈です。

Perl5に学ぶ添字配列と連想配列

PHPでは、添字配列も連想配列も同じ配列として表現されますが、明示的に区別されている言語もあります。リスト1.34はPerlでの例です。

リスト1.34: Perl5の添字配列と連想配列

```
#!/usr/bin/perl

# Perl5の添字配列(@)
my @array = (1, 2);

# Perl5の連想配列(%)
my %hash = ("fruits" => "apple", "code" => "php");
```

Perlでは定義の段階でわかれており、添字配列の変数には「@」を、連想配列の変数には「%」を付けます。シンタックスシュガーの段階から区別されている言語もあるくらいですので、添字配列と連想配列の違いを意識することは重要であると言えます。

1.6.3 配列の結合方法による違い

PHPで配列を結合する場合、大きくわけて2通りの方法があります。

- 「+」による配列の結合
- array_merge()による配列の結合

実はこのふたつには、大きな違いがあります。「+」による配列結合は左側を優先し、array_merge()による配列結合は新要素を末尾に追加します。

リスト1.35: 添字配列の結合方法による違い

```
$array1 = [1, 2];
$array2 = [3, 4, 5];

// プラス(+)での配列結合は、左側が優先されます
// [[0]=> 1 [1]=> 2 [2]=> 5]
```

```
var_dump($array1 + $array2);

// array_merge()では、末尾に新要素として追加されます
// [[0]=> 1 [1]=> 2 [2]=> 3 [3]=> 4 [4]=> 5]
var_dump(array_merge($array1, $array2));
```

PHPで配列を連結する場合、基本的にarray_merge()を使用することを推奨します。左側を優先する「+」の結合は、かなり違和感があります。それは、このあと登場する連想配列の結合でも同様です。

リスト1.36: 連想配列の結合方法による違い

```
$array3 = ['fruits' => 'apple', 'code' => 'php'];
$array4 = ['fruits' => 'oprange', 'drink' => 'beer'];

// fruitsは重複していますが、左側が優先されます
// [["fruits"]=> "apple" ["code"]=> "php" ["drink"]=> "beer"]
var_dump($array3 + $array4);

// fruitsは重複していますが、右側が優先されます
// [["fruits"]=> "oprange" ["code"]=> "php" ["drink"]=> "beer"]
var_dump(array_merge($array3, $array4));
```

連想配列では、次のような配列の結合がおこります。

- 「+」による配列結合は、要素名が重複すると左側を優先する
- array_merge()による配列結合は、要素名が重複すると右側を優先する

連想配列においても、array_merge()のほうが動きが自然です。すでにある配列に別の配列を結合する場合、後から追加する配列の要素で上書きしたいケースのほうが多いです。

ただし、配列の結合には「+」ではなくarray_merge()を使いましょう、と言い切れないのが難しいところです。リスト1.37のような想定外ケースに遭遇する可能性があるからです。

リスト1.37: array_merge()は要素名の数値を整頓する

```
$array5 = ['11' => 'a'];
$array6 = ['22' => 'b', '3c' => 'd'];
// [11]=> "a" [22]=> "b", ["3c"]=> "d"
var_dump($array5 + $array6);

// [0]=> "a" [1]=> "b",  ["3c"]=> "d"
var_dump(array_merge($array5, $array6));
```

array_merge()は、要素名が数字の配列を自動的に整頓します。あくまで推測ですが、unset($array[1])のように添字配列の間を削除したケースで歯抜けを矯正するためだと思われます。

これを踏まえて考えてみると、「+」にもarray_merge()にも頼らずに自分で配列を結合（連結）するという選択肢も持っておいたほうが良いでしょう。

1.6.4 要素の追加方法による違い

添字配列に要素を新たに追加する方法として、大きくわけてふたつのやり方があります。

・array_push()による追加

・空インデックス($array[])による追加

なお、どちらの方法でも要素を追加することができますが、array_push()では1度に複数の要素を追加できる違いがあります。

リスト1.38: 配列の要素の追加

```
// array_push()を使う方法
$array = [1, 2];
array_push($array, 3);

// 空インデックスを使う方法
$array = [1, 2];
$array[] = 3;
```

どちらも同じ配列ができますので、最終的な配列の中身は同じです。ただし、実際には空インデックス($array[])を使う方法が多く使われます。それには、次の理由があります。

・空インデックスのほうが、記述が楽である

・array_push()を使うと、関数の呼び出しでオーバーヘッドが発生する

ここで言うオーバーヘッドとは、関数の呼び出しにかかる負荷（処理時間）のことです。同じような注意事項が、公式リファレンスにも書いてあります。

PHPマニュアルより

配列 > 関数 > array_push

http://php.net/manual/ja/function.array-push.php

※注意:もし配列にひとつの要素を加えるためにarray_push()を使用するなら、関数を呼ぶオーバーヘッドがないので、$array[] = を使用しましょう。

1.6.5 （PHP7.2）要素名をクォートで括るか括らないか

PHPの連想配列を書く人で、要素名をクォート（「'」や「"」）で括る人と括らない人がいます。

リスト1.39: 連想配列の要素名をクオートで括らない

```
$a = [ a => "b" ];
// array(1) { ["a"]=> string(1) "b" }
var_dump($a);
```

要素名を括らなくても、たいていの局面では想定した通りに動きます。ただし、状況によっては想定外の動きをします。

リスト1.40: 定数が定義されていると、定数が優先されて要素名に展開される

```
// cという定数を定義する
define('c', '定数です');
// array(1) { ["定数です"]=> string(1) "d" }
$b = [ c => "d" ];
var_dump($b);
```

ややこしいのは、これが想定通りの動きなのかどうか分かりづらいことです。もちろん定数展開を見越して記述したのであれば問題ありませんが、普段から要素名を括らない人の場合は明らかに想定外の挙動です。

なお、PHP7.2からはクオートしない文字列で同名の定数がない場合、E_WARNINGが発生するようになります。次のメジャーバージョンアップ後は、Error例外となる予定です。

リスト1.41: PHP7.2以降でサンプルを実行すると警告が出力される

```
$a = [ a => "b" ];
// (PHP7.2~) Warning: Use of undefined constant a - assumed 'a'
// (this will throw an Error in a future version of PHP)
```

この例から、「連想配列の要素名はクォートで括るに限る」と言えます。これは、自分たちで定義した配列に留まりません。PHPが予め定義している連想配列も、クォートで括って呼び出すように統一しましょう。

- 誤: $_SERVER[REQUEST_METHOD]
- 正: $_SERVER['REQUEST_METHOD']

1.6.6 無名関数(即席関数)の応用

コールバックや無名関数(クロージャー)を使ったプログラミングをご存知でしょうか?非同期のJavaScript(Node.jsなど)の世界では、処理が完了した後に発火させる関数として使われます。

実は、PHPにも無名関数が存在します。使われる機会は多くないのですが、配列関数では使われるので紹介します。

リスト1.42: 配列関数における無名関数(クロージャー)の応用

```
$array = [1, 2, 3];

// 即席で作った無名関数を使い、配列の各要素を倍にする
// [0]=> int(2) [1]=> int(4) [2]=> int(6)
$func = function($v) { return $v * 2; };
var_dump(array_map($func, $array));

// または直接書くこともできる
var_dump(array_map(function($v) { return $v * 2; }, $array));
```

array_map()は、配列の各要素にコールバック関数を適用する関数です。コールバックは、現段階では呼び出し可能な関数と理解しておきましょう。

無名関数は、読んで字のごとく関数に名前がありません。関数には関数名を付けるのが通例ですが、それがないのです。配列の各要素を倍にする関数は、array_map()でしか使わない使い捨ての関数です。そこで、インスタントに即席の無名関数を作成してお手軽に処理しようというわけです。

1.6.7 (PHP7.1) 左辺に配列構文を適用した短縮代入

今までのPHPでは、1行で複数の変数に代入しようとした場合list()を使う必要がありました。

リスト1.43: list()を使った複数変数への代入

```
list($a, $b) = [1, 2];
list($a, $b) = [$b, $a]; // 値の交換(スワップ)
echo 'a:', $a,' b:', $b, PHP_EOL; // a:2 b:1
```

PHP7.1では新たに、左辺に配列の短縮構文を使った代入方式が追加されています。

リスト1.44: (PHP7.1) 左辺に配列構文を適用した短縮代入

```
[$a, $b] = [1, 2];
[$a, $b] = [$b, $a]; // 値の交換(スワップ)
echo 'a:', $a,' b:', $b, PHP_EOL; // a:2 b:1
```

配列の短縮構文を使った代入はかなり書きやすいです。お手軽に複数変数を一括代入(宣言)できるので、コード行数の節約になります。

ただし、便利だからといって多用してしまうと、読みづらいプログラムになるかもしれません。何を重視するのかというポリシーにもよりますので、しっかりと検討しましょう。

1.6.8 (PHP7.0) 定数配列と (PHP7.1) 定数のアクセス権

PHP7で、あると便利な定数配列が追加されました。筆者はカテゴリー毎に定数クラスを作って開発しています。

また、const定数にはPHP7.1から定数のアクセス権が追加されました。

リスト1.45:

```
define('FOO', [
    'program' => 'php',
    'fruits' => 'apple'
]);

echo FOO['program'].PHP_EOL; // php

// 実際の現場では、クラス定数をよく使います
class SampleConst {
    const FOO = [
        'program' => 'php',
        'fruits' => 'apple'
    ];

    /**
     * PHP7.1以降では、クラス定数にアクセス権限を指定できます
     */
    public const PROGRAM = 'php';
    private const FRUITS = 'apple';
}

echo SampleConst::FOO['fruits'].PHP_EOL; // apple

// public宣言されている定数なのでアクセスできる
echo SampleConst::PROGRAM.PHP_EOL; // php

// private宣言された定数はアクセスできない
// Fatal error: Uncaught Error:
// Cannot access private const SampleConst::FRUITS
echo SampleConst::FRUITS.PHP_EOL;
```

1.6.9 (PHP5.6)...による可変長の引数配列

可変長引数とは、関数の呼び出し側が渡した引数の数によって増減する可変長の配列です。PHP5.6以降では、引数リストに「...」を含めることで可変長引数を受け取ることを明示します。

リスト1.46:

```
// $numbersは引数の数によって増減する配列となる
function sum(...$numbers) {
    $acc = 0;
    foreach ($numbers as $n) {
        $acc += $n;
    }
    return $acc;
}

var_dump(sum(1, 2, 3, 4)); // int(10)
```

1.6.10 (PHP5.6) ...による配列の引数展開

引数展開は可変長配列とは正反対で、配列を引数に展開するため方法です。

リスト1.47:

```
function fruits($a, $b, $c) {
    echo $a.PHP_EOL; // りんご
    echo $b.PHP_EOL; // みかん
    echo $c.PHP_EOL; // バナナ
}

// 配列を展開して引数に渡します
$array = ['りんご', 'みかん', 'バナナ'];
fruits(...$array);
```

引数展開で過不足があるとどうなるのか

結論から言うと、配列が長ければ動作し、配列が短ければ失敗します。

リスト1.48: 配列が長ければ先頭のふたつだけ使われる

```
function fruits2($a, $b) {
    echo $a.PHP_EOL; // りんご
    echo $b.PHP_EOL; // みかん
}
$array = ['りんご', 'みかん', 'バナナ'];
fruits2(...$array);
```

リスト1.49: 配列が短いと失敗する

```
function fruits3($a, $b, $c, $d) { }
$array = ['りんご', 'みかん', 'バナナ'];
fruits3(...$array);
// Fatal error: Uncaught ArgumentCountError:
// Too few arguments to function fruits3(),
```

わざわざ説明したのですが、配列の引数展開ではこういった過不足のリスクがあるため、安易に使用することはオススメしません。

1.6.11 配列の並び替えによる違い

配列の並び替えでは、単純なsort()関数がもっとも有名です。ただし、sort()には連想配列の対応関係を維持しないという特徴があります。そのため、asort()をはじめとする他の関数を使った並び替えも知っておくことを推奨します。

リスト1.50: 配列の並び替え方法による違い

```
// sort()では連想配列が維持されない
$array = ['c' => 'd', 'a' => 'b'];
sort($array);
// array(2) { [0]=> string(1) "b" [1]=> string(1) "d" }
var_dump($array);

// asort()では連想配列が維持される
$array = ['c' => 'd', 'a' => 'b'];
asort($array);
// array(2) { ["a"]=> string(1) "b" ["c"]=> string(1) "d" }
var_dump($array);

// krsort()配列のキーを使った逆順ソート
$array = ['a' => 'b', 'c' => 'd'];
krsort($array);
// array(2) { ["c"]=> string(1) "d" ["a"]=> string(1) "b" }
var_dump($array);
```

本書で紹介したソート関数以外にも、配列のソート関数はあります。たとえば、natcasesort()を使った大文字小文字を区別しない自然順のソートは、ファイルの並び替えで重宝します。

表 1.1: 配列のソート関数の一覧

関数名	ソート基準	キーと値の相関関係	ソートの順番
array_multisort()	値	連想配列は維持、 添字配列は維持しない	最初の配列、 あるいはソートオプション
asort()	値	維持する	昇順
arsort()	値	維持する	降順
krsort()	キー	維持する	降順
ksort()	キー	維持する	昇順
natcasesort()	値	維持する	大文字小文字を区別しない自然順
natsort()	値	維持する	自然順
rsort()	値	維持しない	降順
shuffle()	値	維持しない	ランダム
sort()	値	維持しない	昇順
uasort()	値	維持する	ユーザー定義
uksort()	キー	維持する	ユーザー定義
usort()	値	維持しない	ユーザー定義

詳しくは次のリファレンスにまとまっておりますので、ご参照ください。

> **PHPマニュアルより**
>
> 関数リファレンス ＞ 変数・データ型関連 ＞ 配列 ＞ 配列のソート
>
> http://php.net/manual/ja/array.sorting.php

1.7 （PHP7.1）繰り返し可能（iterable）

> **PHPマニュアルより**
>
> 言語リファレンス ＞ 型 ＞ Iterable
>
> http://php.net/manual/ja/language.types.iterable.php

公式マニュアルには「Iterable は PHP 7.1 で導入された疑似型です。」と書いてあります。また、次のようにも書いてあります。

- array、あるいはTraversableインターフェイスを実装したオブジェクトを許容します。
- これらの型は、いずれもforeachで繰り返し可能であり、また、ジェネレータ内でyield fromできます。

「Traversable」「ジェネレータ」「yield from」など、ややこしい単語が並んでます。ただし、無理に覚える必要はありません。Iterableのことを一言で説明すると、「foreachで繰り返しができる変数の型」となります。

リスト1.51: is_iterable()を使った、繰り返し可能かどうかの判定

```
var_dump(is_iterable([1, 2, 3]));  // bool(true)
var_dump(is_iterable(new ArrayIterator([1, 2, 3])));  // bool(true)
var_dump(is_iterable((function () { yield 1; })()));  // bool(true)
var_dump(is_iterable(1));  // bool(false)
var_dump(is_iterable(new stdClass()));  // bool(false)
```

通常の配列、およびIteratorやジェネレータ（yield）には、1ループ毎に逐次、値を取り出していく共通点があります。

1.7.1 Iterator

> **PHPマニュアルより**
>
> 定義済みのインターフェイスとクラス > Iteratorインターフェイス
>
> http://php.net/manual/ja/class.iterator.php

公式マニュアルのTraversableインターフェイスの解説を読むと、次のように書いてあります。

・そのクラスの中身がforeachを使用してたどれるかどうかを検出するインターフェイスです。

・これは抽象インターフェイスであり、単体で実装することはできません。

・IteratorAggregateあるいはIteratorを実装しなければなりません。

さっそく、Iteratorを使ってみましょう。次のプログラムを実行すると、ほぼ普通の配列と同じような動きをします。

リスト1.52: イテレーター

```
// implementsで、インターフェースの実装を宣言しています
class MyIterator implements Iterator {
    private $position = 0;
    private $array = ["first", "second"];

    public function __construct() {
        $this->position = 0;
    }

    // 位置を巻き戻す
    public function rewind() {
        var_dump(__METHOD__);
        $this->position = 0;
    }
```

```
    // 現在の要素を取得する
    public function current() {
        var_dump(__METHOD__);
        return $this->array[$this->position];
    }

    // 現在のキーを取得する
    public function key() {
        var_dump(__METHOD__);
        return $this->position;
    }

    // 位置を次に進める
    public function next() {
        var_dump(__METHOD__);
        ++$this->position;
    }

    // 値を取得できる位置にいるかどうか
    public function valid() {
        var_dump(__METHOD__);
        return isset($this->array[$this->position]);
    }
}

// Iteratorの利用
$it = new MyIterator;
var_dump(is_iterable($it)); // bool(true)
foreach($it as $key => $value) {
    echo $key. ' => '. $value. PHP_EOL;
}
```

foreach内でイテレータが使われると、位置(position) を移動しながらひとつずつ値が読み込まれていきます。そして、valid()が偽 (false)になった時点でループを抜けて終了します。

Iteratorインターフェイスを実装したクラスであれば、繰り返し可能 (iterable) というわけです。中級者になるための本なのであえて解説しましたが、実際に自分で書く機会はそうそうありません。いざ必要になったときにでも、思い出してみてください。

なお、このIteratorプログラムは公式マニュアルの例にも掲載されています。

1.7.2 （PHP5.5）ジェネレータとyield

> **PHPマニュアルより**
>
> 言語リファレンス > ジェネレータ
>
> http://php.net/manual/ja/language.generators.php

ジェネレータは、PHP5.5で追加されました。単純なプログラムで試してみます。

リスト1.53: ジェネレータの利用

```
function yieldtest() {
    for ($i = 1; $i < 3; $i++) {
        // yieldする毎に、関数呼び出し側のループがひとつ進む
        yield $i;
        echo 'yield sareta!'.PHP_EOL;
    }
}

foreach (yieldtest() as $val) {
    echo 'yield:'.$val.PHP_EOL;
}
// yield:1
// yield sareta!
// yield:2
// yield sareta!
```

サンプルの例では、ジェネレータのメリットが理解できないと思います。普通にWebシステムを開発しているだけでは実装する機会も少ないです。PHPにおいては、無理に覚える必要はありません。

公式マニュアルには、次のような利点が記述されています。

- ジェネレータを使えば、シンプルなイテレータを簡単に実装できます。
- Iteratorインターフェイスを実装したクラスを用意するオーバーヘッドや複雑さを心配する必要はありません。
- ジェネレータを使うと、foreachでデータ群を順に処理するコードを書くときにメモリー内で配列を組み立てなくても済むようになります。
- メモリー内で配列を組み立てるとmemory_limitを越えてしまうかもしれないし、無視できないほどの時間がかかってしまうかもしれません。

実際の利用例としては、次のような局面が想定されます。

- とあるネットワークに接続するプログラムで、yield毎にネットワークと通信して、逐次データを取り出す

・データを1件ずつパースしながら、随時、返却する

Firebaseの OSS(非公式SDK) で実際に使われていますので、抜粋して掲載します。

・Firebase Admin SDK for PHP
  —https://github.com/kreait/firebase-php/

リスト1.54: (抜粋)Firebase Authのユーザーデータを、1件ずつyieldする

```
// https://github.com/kreait/firebase-php/
// blob/master/src/Firebase/Auth.php
foreach ((array) ($result['users'] ?? []) as $userData) {
    yield UserRecord::fromResponseData($userData);
    if (++$count === $maxResults) {
        return;
    }
}
```

1件ずつ処理をしながら、OSS利用者の利便性を高めるためにyieldを使い、配列のように透過的にアクセスできるインターフェースを用意しています。高度なテクニックですので、必要に迫られたときに覚えるくらいの感覚で問題ありません。

1.8 オブジェクト（object）

PHPマニュアルより

言語リファレンス ＞ 型 ＞ オブジェクト

http://php.net/manual/ja/language.types.object.php

公式マニュアルのオブジェクトの解説は、内容が短いため補足します。まずオブジェクトの種類ですが、筆者が把握する限り大きくわけて4種類あります。

リスト1.55: is_object()を使った、オブジェクトかどうかの判定

```
// 1. PHPが言語レベルで用意しているクラスのインスタンス
$instance1 = new Datetime();
var_dump(is_object($instance1)); // bool(true)
// 2. ユーザー自身が定義したクラスのインスタンス
class MyTest {}
$instance2 = new MyTest();
var_dump(is_object($instance2)); // bool(true)

// 3. 標準クラスのインスタンス
```

```
$instance3 = new stdClass();
var_dump(is_object($instance3)); // bool(true)
// 4. 無名クラスのインスタンス
$instance4 = new class {};
var_dump(is_object($instance4)); // bool(true)
```

基本的に、オブジェクトとはインスタンスであると理解しましょう。

1.8.1 標準クラスはどこで使われるのか？

PHPが用意している標準クラスは、どのような局面で利用されるのでしょうか？参考例として、AjaxやWebAPIで多用されるJSONデータフォーマットの事例を紹介します。

リスト1.56: JSONをパースすると標準クラスになる

```
$json = '{
    "title": "example",
    "price": 1000,
    "flags": { "onsale": true, "discount": false }
}';
$object = json_decode($json);

var_dump($object->title); // string(7) "example"
var_dump($object->flags->onsale); // bool(true)
// 中身は次のような標準クラスのインスタンス(オブジェクト)です
var_dump($object);
/**
 * object(stdClass)#5 (3) {
 *   ["title"]=> string(7) "example"
 *   ["price"]=> int(1000)
 *   ["flags"]=> object(stdClass)#6 (2) {
 *     ["onsale"]=> bool(true)
 *     ["discount"]=> bool(false)
 *   }
 * }
 */
```

なお、json_decode()は第2引数でパースした結果を、標準クラスのインスタンスと連想配列のどちらで受け取るか切り替えることができます。

JSONとは？

Webエンジニアであれば、JSONは知っておいたほうが良いデータフォーマットです。次は「とほほのwww入門」から引用したJSONの概要です。

・JavaScript Object Notaion の略です。
・RFC 8259, IETF STD 90, ECMA-404 2nd edition で規定されています。
・JavaScript のデータ定義文をベースとした、簡易的なデータ定義言語です。
・JavaScript だけではなく、Java, PHP, Ruby, Python など、様々な言語間のデータ交換、特に Ajax や REST API などで使用されています。
・これまでは、共通データ定義言語として XML が利用されてきましたが、現在では、簡易的な JSON が利用されるケースが増えてきています。
・子要素がひとつの場合、XML ではデータだけではそれが配列か否かを識別することはできませんが、JSON では配列と非配列を明確に指定することができます。

「とほほのwww入門」には、わかりやすい解説があります。お時間のあるときに読んでみることをオススメします。

・JSON 入門： とほほの WWW 入門
　—http://www.tohoho-web.com/ex/json.html

1.8.2　型演算子を使ったオブジェクトの判別

instanceofという型演算子を使うと、クラスインスタンスを判別することができます。特定のオブジェクトしか受け付けたくない場合に有効です。また、想定外のクラスインスタンスがやってきたときに例外を投げるなど、知っておくと便利な演算子です。

リスト1.57: instanceofによるインスタンス（オブジェクト）の判別

```
class MyDateTime extends DateTime {}
$a = new MyDateTime();
var_dump($a instanceof MyDateTime); // bool(true)
var_dump($a instanceof stdClass); // bool(false)
// 継承したサブクラスのインスタンスも有効
var_dump($a instanceof DateTime); // bool(true)
```

1.8.3　（PHP7.0）無名クラス

関数に無名関数があるように、クラスにも無名クラスがあります。これはPHP7で追加されました。無名クラスで作成したインスタンスも、オブジェクトに該当します。

リスト1.58: （PHP7.0）無名クラスを活用した即席コントローラー

```
class BaseController {
    public function __construct() {
        echo 'BaseController __construct()'.PHP_EOL;
    }

    public function run() {
```

```
        echo 'BaseController run()'.PHP_EOL;
    }
}

/**
 * 無名クラスによる即席コントローラー(基盤クラスを継承しています)
 * BaseController __construct()
 * AnonymousController __construct()
 */
$controller = new class extends BaseController {
    public function __construct() {
        parent::__construct();
        echo 'AnonymousController __construct()'.PHP_EOL;
    }

    public function run() {
        parent::run();
        echo 'AnonymousController run()'.PHP_EOL;
    }
};

// BaseController run()
// AnonymousController run()
$controller->run();

// オブジェクトのクラス名を取得すると、とても長い名前が返却されます
// class@anonymous/[省略]anonymous-class.php0x103fe72e9
echo get_class($controller).PHP_EOL;
```

無名クラスになんの利点があるのか、と疑問に思われるかもしれません。実は、簡易的なインラインパッチや即席のインスタントクラス、使い捨ての単体テストなど使い勝手がよく、重宝します。

また、CIをはじめとするコードチェックが行われる環境下では「クラス定義と副作用があるインライン処理を同居させてはならない」といった、エラーを回避するためにも使われたりします。

無理に使う必要はありませんが、知識として覚えておくと便利な存在です。

1.8.4 (PHP5.4) Traitによるクラスの拡張

トレイト(trait)とは、コードを再利用するための仕組みです。PHP5.4で追加されました。PHPはクラスを多重継承できない言語なのですが、traitを使うことによってクラスの継承(extends)を使わずにクラスを拡張することができます。

平たく言ってしまえば、単一継承というPHPの言語制約の枠組みを飛び越えて、メソッド郡を水

平展開できる仕組みこそがtraitの真骨頂です。さらに詳しい解説は、公式マニュアルを参照してください。

PHPマニュアルより

言語リファレンス > クラスとオブジェクト > トレイト

http://php.net/manual/ja/language.oop5.traits.php

リスト1.59: traitによるメソッド群の水平展開

```
trait transport1 {
    // 静的関数
    static function test() {
        echo "test!".PHP_EOL;
    }
    // インスタンス関数
    function canRide() {
        echo "Can Ride!".PHP_EOL;
    }
}
trait transport2 {}

class Base {
    function ridePrice() {
        return 100;
    }
}

// Taxiクラスは Baseを継承している
class Taxi extends Base {
    // PHPではクラスの多重継承はできないが、traitを使ったクラスの拡張はできる
    use transport1, transport2;
}
class Train extends Base {
    // traitは他のクラスでも使い回すことができる
    use transport1, transport2;
}

// useで拡張したtraitのメソッド群は、
// あたかもオブジェクト自身が持つ関数と同じように使用できる
Taxi::test(); // test!
$taxi = new Taxi();
```

```
$taxi->canRide();
```

なお正規の使い方ではありませんが、肥大化したクラスをtraitを使って分割しながら整理するという裏技があります。そもそもクラスを肥大化させるなと言われると返す言葉もないのですが。

1.8.5 （PHP5.3）遅延的束縛（selfとstaticの違い）

遅延的束縛は言葉で説明することがとても難しい概念です。この考え方は、オブジェクトを継承したときに発生します。

静的関数（および静的なプロパティー）を呼び出す方法（キーワード）には、「self::」と「static::」があります。selfは関数を定義したクラスに固定されてしまうのですが、staticの場合は継承先のクラスから呼び出されると、継承先のクラスを優先的に指し示すようになります。

詳しくは公式マニュアルにも記述がありますが、少々難しく書いてあるのでサンプルコードを見たほうが理解しやすいかもしれません。

> **PHPマニュアルより**
>
> 言語リファレンス ＞ クラスとオブジェクト ＞ 遅延静的束縛
>
> http://php.net/manual/ja/language.oop5.late-static-bindings.php

リスト1.60:

```
class A {
    public static function who() {
        // 定義した時点で、__CLASS__=自分自身(Aクラス)となる
        echo __CLASS__.PHP_EOL;
    }
    public static function testSelf() {
        // 定義した時点で、self=自分自身(Aクラス)となる
        self::who();
    }
    public static function testStatic() {
        // staticが誰を指し示すのかは、実行時の段階で決定される
        // Aを継承したクラス経由で呼び出されると、static=継承先のクラスとなる
        static::who();
    }
}
class B extends A {
    public static function who() {
        // 定義した時点で、__CLASS__=自分自身(Bクラス)となる
        echo __CLASS__.PHP_EOL;
    }
```

```
}

B::testSelf(); // Aクラスのwho()が呼び出される(self)
B::testStatic(); // Bクラスのwho()が呼び出される(static)
```

遅延的束縛を正確に理解するのは難しいので、とりあえず「self::は固定される」「static::は柔軟に動く」くらいの理解で問題ないでしょう。

使い分けは次のようなイメージです。

・static: 継承されたときに柔軟に向き先を変えて動かしたい

・self: 自分の殻に閉じこもって常に自分自身を指し示して欲しい

より詳しく知りたい方は、次のmaeharinさんの記事（1）に図解で詳しく解説されていますので、ぜひ参照してください。また、1designさんの記事（2）もとても詳しく書いてあります。

・1）PHPを愛する試み 〜self:: parent:: static:: および遅延静的束縛〜
　—http://maeharin.hatenablog.com/entry/20130202/php_late_static_bindings

・2）PHPの「遅延静的束縛 （Late Static Bindings)」機能、解読！
　—https://1design.jp/web-development/1947

1.9 リソース （resource）

> **PHPマニュアルより**
>
> 言語リファレンス > 型 > リソース
>
> http://php.net/manual/ja/language.types.resource.php

リソースとはなんでしょうか？一言で説明するのは難しいので、まずは公式マニュアルの説明を読んでみます。

・リソースは特別な変数であり、外部リソースへのリファレンスを保持しています。

・リソースは、特別な関数により作成され、使用されます。

説明を要約すると「特別な関数によって作成される、外部リソースへのリファレンスを保持する変数」となります。リソース型の一覧は、マニュアルにも掲載されています。

> **PHPマニュアルより**
>
> 付録 > リソース型の一覧
>
> http://php.net/manual/ja/resource.php

公式マニュアルをみると、たくさんの種類があることがわかります。ファイルやDBのリソースは多くの入門書で扱いますが、それ以外にもありますので、いくつか抜粋して概要や注意事項を説明します。

1.9.1 cURLによるHTTP接続

Macや Linuxには、curlコマンドがあります。PHPにもcURLが存在し、主にHTTPやHTTPSの接続クライアントとして利用します。

リスト1.61: cURL接続によるHTTPクライアント

```
function curl_access($url) {
    // cURLセッションを初期化する
    $ch = curl_init();

    // リソースであるかどうか
    var_dump(is_resource($ch)); // bool(true)
    var_dump(get_resource_type($ch)); // string(4) "curl"

    // アクセス先の設定
    curl_setopt($ch, CURLOPT_URL, $url);
    // TRUEにすると、curl_exec()の返り値が文字列になる
    curl_setopt($ch, CURLOPT_RETURNTRANSFER, true);
    // 接続の試行を待ち続ける秒数。0は永遠に待ち続けるので避けたほうが良い
    curl_setopt($ch, CURLOPT_CONNECTTIMEOUT, 10);

    // アクセスの実行
    $res = curl_exec($ch);

    // cURLのエラーの有無
    if (curl_errno($ch) !== CURLE_OK) {
        // cURLが失敗した
        echo 'Curl error: '. curl_error($ch). PHP_EOL;
        curl_close($ch);
        return;
    }

    $statusCode = curl_getinfo($ch, CURLINFO_HTTP_CODE);
    // 200 OKかどうか
    if ($statusCode === 200) {
        // HTMLを全部出力すると多いので、動作確認用に先頭30文字だけ表示
        echo 'Curl success: '. mb_substr($res, 0, 30). PHP_EOL;
    } else {
        // 400 Bad Requestや404Not Foundなど
```

```
        echo 'Curl http error: '. $statusCode. PHP_EOL;
    }

    // cURLセッションを閉じる(終了する)
    curl_close($ch);
}

// Curl success: <!DOCTYPE html PUBLIC "-//W3C/
curl_access("https://www.impressrd.jp/");
// Curl http error: 404
curl_access("https://www.impressrd.jp/abcde");
```

is_resource()がtrueで、get_resource_type()がcurlと返却されました。リソース型で種類はcurlという意味です。なお、cURLには多様なオプションがあります。詳しくは次の公式マニュアルを参照してください。

PHPマニュアルより

cURL関数 > curl_setopt — cURL 転送用オプションを設定する

http://php.net/manual/ja/function.curl-setopt.php

Guzzle PHP HTTP client

PHPのHTTP(S)接続では、cURLの他にGuzzleが使われます。

・https://github.com/guzzle/guzzle

Guzzleは、通常のHTTPクライアントとしてはもちろんのこと、非同期アクセスまで完備しています。これにより、非同期通信よる並列アクセスの実装が可能です。GitHubのスター数（人気度）が15,000を超える大人気ライブラリーのひとつです。

リスト1.62: Guzzle is a PHP HTTP client

```
$client = new \GuzzleHttp\Client();
$res = $client->request(
    'GET',
    'https://api.github.com/repos/guzzle/guzzle'
);
echo $res->getStatusCode();
// 200
echo $res->getHeaderLine('content-type');
// 'application/json; charset=utf8'
echo $res->getBody();
// '{"id": 1420053, "name": "guzzle", ...}'

// Send an asynchronous request.
$request = new \GuzzleHttp\Psr7\Request(
    'GET',
    'http://httpbin.org'
);
$promise = $client->sendAsync($request)
    ->then(function ($response) {
        echo 'I completed! ' . $response->getBody();
});
$promise->wait();
```

1.9.2 外部リソースと異常系

リソース型の変数は「ファイル」「ネットワーク」「データベース」など、外部環境とのやりとりを伴います。そのため、常に失敗のリスクがあります。

サンプルプログラムのcURLでも、次の異常系チェックを行いました。

- curl_errno($ch) !== CURLE_OK
  —cURLに成功したかどうか
- curl_getinfo($ch, CURLINFO_HTTP_CODE) === 200
  —HTTPのステータスコード(レスポンスヘッダー)が「200 OK」で、正常に応答が返ってきたか

リソース型の変数を扱う上でもっとも大事なことは、**異常系を正しく検出できるかどうか**です。正常系の処理を書き終えても、進捗率はまだ50%くらいと考えたほうが無難です。

インターネットで検索するときも、異常系の検出まで含めて書いてあるプログラムを参考にするようにしましょう。

1.9.3　ftp_ssl_connect()によるFTPS接続

FTPはファイル転送のプロトコルです。最近は使われることも減りましたが、外部へのファイル転送で利用されます。

なお、PHPからのFTP接続では、大きくわけて2種類あります。

- ftp_connect()：通常のFTPによる接続
- ftp_ssl_connect()：FTPS(SSL-FTP)によるセキュアなFTP接続

昔ながらの単なるFTP接続は、通信経路が暗号化されないので脆弱です。現在では、FTPSやSFTPが使われます。

- FTPS（File Transfer Protocol over SSL/TLS）
  —FTPで送受信するデータをTLSまたはSSLで暗号化する通信プロトコル
- SFTP（SSH File Transfer Protocol）
  —SSHの仕組みを使用しコンピューター間でファイルを安全に転送するプロトコル

PHPからのFTP接続は、必要になったときに覚えれば良いくらいの認識で問題ありません。**「通信経路が暗号化されていない、単なるFTP接続は危険である」**という点だけ覚えておきましょう。

リスト1.63: ftp_ssl_connect()によるFTPS接続

```
$file = 'somefile.txt';
$remote_file = 'readme.txt';

// SSL接続を確立する
$conn_id = ftp_ssl_connect($ftp_server);
// ユーザー名とパスワードでログインする
$login_result = ftp_login($conn_id, $ftp_user_name, $ftp_user_pass);

if (!$login_result) {
    // この場合、すでにPHP側でE_WARNINGのメッセージが発行されています
    die("can't login");
}

// ファイルをアップロードする
if (ftp_put($conn_id, $remote_file, $file, FTP_ASCII)) {
    echo "successfully uploaded $file\n";
} else {
    echo "There was a problem while uploading $file\n";
}

// SSL接続を閉じる
ftp_close($conn_id);
```

1.9.4　GDによる画像リソース作成時の注意点

GDは、PHPを使って画像の生成や変換を行います（PNGからJPEGへの変換や、ピクセル数の変更によるサムネイル画像の作成など）。

- imagecreate()：GDの画像リソースを作成
- imagecreatefromgif()：GIF画像からリソースを作成
- imagecreatefromjpeg()：JPEG画像からリソースを作成
- imagecreatefrompng()：PNG画像からリソースを作成
- ...etc

リスト1.64: GDによる画像リソースの作成

```
$gd = imagecreate(110, 20);
var_dump(is_resource($gd)); // bool(true)
var_dump(get_resource_type($gd)); // string(2) "gd"
```

PHPでGDを使って画像処理をする場合、**ピクセル数の多い（解像度の高い）画像や、ファイルサイズの大きい画像を読み込むと、メモリーを大量に消費する**という点だけ注意してください。

GDの画像リソースを作成する前に、まずはfilesize()やgetimagesize()で、読み込むファイルの入力チェックを行いましょう。画像サイズには、制限を設けるのが望ましいでしょう。またGDを使ったプログラムでは、大容量ファイルや4K画像がアップロードされるケースもテストすることを推奨します。

PHPと画像処理

PHPの画像処理では、代表的な方法としてImageMagickを使う方法とGDを使う方法があります。

GDは導入済みであることも多いのですが、未導入の場合はPHPのコンパイルオプションで有効にしたり、「(CentOS) yum install php-gd」や「(Docker) RUN docker-php-ext-install gd」などでインストールします。

- dockerのphp公式イメージでGDライブラリーを使用する
  —https://gfonius.net/blog/docker-php-gd/

ImageMagickはPECLでインストールしますが、Linux環境であればPHPとは関係なくImageMagickのコマンドをまずはインストールしてみて、コマンドラインで体感してみることがオススメです。

1.9.5　(PHP7.0) mysql_connect()の廃止

PHPは、Webサービスで使われることがほとんどです。その多くはデータベース（DB）とやりとりします。DB接続は多くの入門書で解説されるため、リソースと聞いて真っ先に思い浮かべる方も多いのではないでしょうか？

PHPのWebサービスに利用されるDBでは、MySQLとPostgreSQLがもっとも有名です。ただし、接続リソースの作成方法は微妙に異なります。

また、**mysql_connect()はPHP7で削除**されています。そのため、古いMySQLの接続プログラムの中には最新のPHPにバージョンアップすると動かないものが多数あります。

- mysql_connect()：MySQLの接続リソースを返却する（→削除）
- mysqli_connect()：mysqliのオブジェクトを返す
- pg_connect()： PostgreSQLの接続リソースを返却する

pg_connect()は接続リソースを返しますが、mysqli_connect()はオブジェクトを返すという違いがあります。

1.9.6 fsockopen()によるソケット接続

fsockopen()は、インターネット接続またはUnixドメインソケット接続をオープンします。公式マニュアルに載っているサンプルに、コメントを追加して掲載します。

TCP/IPによるソケット接続は、いわゆる低レイヤーの話です。普段の開発で意識することはないのですが、HTTPのリクエスト送受信をより低いレイヤーで体験できるという意味では有用です。

リスト1.65: fsockopen()によるソケット接続

```
// ソケット接続を確立する
$fp = fsockopen("www.example.com", 80, $errno, $errstr, 30);
if (!$fp) {
    echo "$errstr ($errno)<br />\n";
    exit;
}

// リソースであるかどうか
var_dump(is_resource($fp)); // bool(true)
var_dump(get_resource_type($fp)); // string(6) "stream"

// HTTPの要求を書き込む
$out = "GET / HTTP/1.1\r\n";
$out .= "Host: www.example.com\r\n";
$out .= "Connection: Close\r\n\r\n";
fwrite($fp, $out);

// 返却された内容(HTML)を終端に到達するまで読み込む
while (!feof($fp)) {
    // まずはレスポンスヘッダーが返ってきます
    //   HTTP/1.1 200 OK
    //   Cache-Control: max-age=604800 ...
    // その後にHTMLの本文が続きます
    //   <!doctype html>
    //   <html> ...
```

```
    echo fgets($fp, 128);
}

// ソケット接続を終える
fclose($fp);
```

このプログラムは、HTTPプロトコルによる通信を行っています。普段のPHPプログラミングに直接関係することはありませんが、もし興味を持たれた方は次の記事がオススメです。

・超入門HTTPプロトコル： 第1回 HTTPプロトコルとは（@IT）
　—http://www.atmarkit.co.jp/ait/articles/1703/29/news045.html

1.9.7　SplFileObjectによるファイルの読み書き

ファイルの読み書きではfopen()が有名ですが、SplFileObjectを使うとオブジェクト指向でファイルの読み書きができます。

リスト1.66:

```
$file = 'test.txt';

// 書き込み
$spl = new SplFileObject($file, 'w');
$spl->fwrite("a\nb\nc\n");
unset($spl); // 変数が消えると自動的にcloseされる

// 読み込み
$spl = new SplFileObject($file, 'r');
foreach ($spl as $line) {
    echo $line;
    // a(改行)
    // b(改行)
    // c(改行)
}
unset($spl); // 変数が消えると自動的にcloseされる

unlink($file);
```

SplFileObjectを使う利点は、明示的にfclose()する必要がないことです。サンプルではunset()していますが、関数内でSplFileObjectのインスタンスを作成した場合、関数を抜けるタイミングで自動的にcloseされます。これは、ファイルトラブルの防止に役立ちます。

SplFileObjectの動作フラグ

SplFileObjectでは、単なるファイルの読み書き以外にもいくつかのフラグ（オプション)があります。$spl->setFlags()で切り替えることが可能です。

- SplFileObject::DROP_NEW_LINE
  —行末の改行を読み飛ばします。
- SplFileObject::READ_AHEAD
  —先読み/巻き戻しで読み出します。
- SplFileObject::SKIP_EMPTY
  —ファイルの空行を読み飛ばします。期待通りに動作させるには、READ_AHEADフラグを有効にしないといけません。
- SplFileObject::READ_CSV
  —CSV列として行を読み込みます。

特に注目してほしいのは、「SplFileObject::READ_CSV」です。今度は一時的なファイルをつくって試してみましょう。ファイルに書き込んだCSVが、自動的に配列に変換されて読み込めることがわかります。

なお、CSVはComma Separated Valuesの略称で、データがカンマで区切られたファイルです。

リスト1.67: SplTempFileObjectとCSVファイルの読み込み

```
// 引数はメモリーの最大量（バイト、デフォルトは2MB）
// 一時ファイルがこのサイズを越えると、
// ファイルはシステムの一時ディレクトリーに移動します
$temp = new SplTempFileObject(2 * 1024 * 1024);

// 一時ファイルにCSVを書き込む
$temp->fwrite("a,b\nc,d\ne,f");

// これからCSVの読み込みで再利用するので、
// ファイル上の指し示す位置(ファイルポインタ)を先頭に戻す
$temp->rewind();

// CSVの読み込み
$temp->setFlags(SplFileObject::READ_CSV);
foreach ($temp as $line) {
    var_dump($line);
    // array(2) { [0]=> string(1) "a" [1]=> string(1) "b" }
    // array(2) { [0]=> string(1) "c" [1]=> string(1) "d" }
    // array(2) { [0]=> string(1) "e" [1]=> string(1) "f" }
}
```

SplFileObjectの動作フラグのPHPバージョンによる違い

筆者が本書を執筆している最中に、@suinさんによって次の記事がQiitaに投稿されました。

- SplFileObjectのREAD_AHEAD, SKIP_EMPTY, DROP_NEW_LINEはPHPのバージョンによって挙動がバラバラな件
  —https://qiita.com/suin/items/5f2322d2762d7d1677bb

筆者が本記事を読んだ印象としては「READ_AHEAD, SKIP_EMPTY, DROP_NEW_LINE」に頼らず、自前で空行処理をしたほうが良い印象を持ちました。

採用する場合も、このような挙動の違いが発生する前提を踏まえたうえで、結論に書いてある組み合わせでプログラミングすることをオススメします。

Goodby CSV

メモリー効率が高く、マルチバイトにも対応している「Goodby CSV」というOSSがあります。
https://github.com/goodby/csv

リスト1.68: 各種マルチバイト文字コード(SJIS、EUC-JP、UTF-8...)に対応

```
$config = new ExporterConfig();
$config->setToCharset('SJIS-win');
```

たとえば、Excelで開くことを前提にしたファイルの場合、SJIS-winでの出力が求められる場合があります。文字コードの変換も含めて自前でやろうとすると大変なので、有効な選択肢のひとつです。

1.9.8 その他のリソース変数

リソース型の変数は種類が多く、すべてを解説することはできません。システムの要件次第ですが、その他にもbzopen()やgzopen()を使った圧縮ファイルの読み書きは使われる可能性があります。

- bzopen()： Bzip2（.bz)で圧縮されたファイルの読み書き
- gzopen()： gz（.gz)で圧縮されたファイルの読み書き

PHPのリソース型はカメレオンのように多彩であり、色々なことができるのです。

PHPマニュアルより

（再掲） 付録 > リソース型の一覧

http://php.net/manual/ja/resource.php

1.10　NULLと未定義

PHPマニュアルより

言語リファレンス ＞ 型 ＞ NULL

http://php.net/manual/ja/language.types.null.php

NULLとは、ある変数が値を持たないことを表します。

リスト1.69: NULL(何も値を持たない)

```
// 何も代入していない変数
$a;
var_dump(is_null($a)); // bool(true)

// NULLを代入した変数
$b = NULL;
var_dump(is_null($b)); // bool(true)

// まだ定義されていない変数
// (未定義変数を参照しているため、環境によっては警告が発生します)
ini_set('display_errors', 1);
error_reporting(E_ALL);
// Notice: Undefined variable: c
var_dump(is_null($c)); // bool(true)
```

1.10.1　NULLと未定義の違い

NULLが代入された変数と、そもそも定義されていない（未定義の）変数は、似ているようですが違います。次の例をみてみましょう。

リスト1.70: NULLでは、isset()はfalseだが配列にキーはある

```
$c['null'] = null;
var_dump(isset($c['null'])); // bool(false)
var_dump(array_key_exists('null', $c)); // bool(true)
```

NULLが代入された変数は、isset()がfalseであり未定義変数と混同しやすいのですが、実際には「値を持たない変数を定義している」という扱いになります。そのため、配列上にキーは存在するというわけです。

このややこしい現象は、isset()の挙動が「変数がセットされていること、そしてNULLでないことを検査する」であるため発生します。しっかり変数をunset()しておけば、同じ事象は発生しません。

リスト1.71: 未定義では、isset() は false で配列にキーもない

```
unset($c['null']);
var_dump(isset($c['null'])); // bool(false)
var_dump(array_key_exists('null', $c)); // bool(false)
```

使い終わった変数は、NULLを代入するのではなくunset()で明示的に破棄することが望ましいといえます。

1.10.2 未定義変数にアクセスすると警告が発生する

PHPでは、まだ定義されていない変数にアクセスすると、環境によってはNoticeレベルの警告が発生します。ただし、isset()とempty()だけは特例で、未定義の警告を回避することができます。

リスト1.72: 未定義変数かどうかを検査する

```
error_reporting(E_ALL);

if (is_null($z)) {
    // Notice: Undefined variable: z
    echo '変数はNULLです'. PHP_EOL;
}
if (!isset($z)) {
    echo '変数は未定義であるか、NULLです'. PHP_EOL;
}
if (empty($z)) {
    echo '変数は未定義であるか、NULLであるか...'. PHP_EOL;
}
```

empty()では、未定義とNULLに加え、次の値もemptyであると判定されます。isset()の判定を拡張した関数です。

- "" (空文字列)
- 0 （整数の0）
- 0.0 （浮動小数点数の0）
- "0" （文字列の0）
- FALSE
- array() （空の配列）

その他の細かい挙動に関しては、公式マニュアルを参照してください。

PHPマニュアルより

変数操作 > 関数 > empty

http://php.net/manual/ja/function.empty.php

1.10.3 （PHP7.0）Null合体演算子（??）

Null合体演算子は、変数が未定義（またはNULL）であれば、初期値を与えるための演算子です。issetによる判定を簡略化します。

また、isset()やempty()と同じく、未定義の変数を参照しても警告が発生しません。

リスト1.73: （PHP7.0）Null合体演算子（??）

```
// 普通に書くと
if (isset($_GET['user'])) {
    $username = $_GET['user'];
} else {
    $username = 'nobody';
}
// またはこうなる
$username = isset($_GET['user']) ? $_GET['user'] : 'nobody';

// Null合体演算子(??)は、isset()相当の判定を行います
$username = $_GET['user'] ?? 'nobody';
echo $username.PHP_EOL; // nobody
```

Perl5と未定義変数

Perl5には、昔から「my $a = $b || $c」という書き方があります。$bがなければ$cを代入する柔軟な書き方です

リスト1.74:

```
#!/usr/bin/perl


my $c = 1;
my $a = $b || $c;
warn $a; // 1
```

Perl5の場合は、falseや0といった値も「||」の右側が使われます。PHPでたとえれば、empty()に近い判定基準です。

Null合体演算子が直接影響を受けた大元の言語はわかりませんが、PHPは他の言語のシンタックスの影響も受けつつ、常に進化を続けていることが分かります。

1.10.4 （PHP5.3）エルビス演算子（?:）

エルビス演算子は、PHP5.3から追加された演算子です。便利な演算子ですが、変わった名前である事も相まって、意外と見かけません。

・?: operator (the 'Elvis operator') in PHP - Stack Overflow
　―https://stackoverflow.com/questions/1993409/operator-the-elvis-operator-in-php

筆者も最近になって名前を知ったのですが、エルビス演算子と言います。英語圏の顔文字で、エルビス・プレスリーに似ていることから名付けられたようです。?がリーゼント部分、:が目、というわけです。

if構文(if ($name) {})に相当する判定を行った上で、真なら左を返し、偽なら右のデフォルト値を返却します。

リスト1.75: (PHP5.3) エルビス演算子 (?:)

```
$name = "";

// 普通に書くと
if ($name) {
    $username = $name;
} else {
    $username = '名前が空です';
}
// またはこうなる
$username = $name ? $name : '名前が空です';

// if ($name)と同様の判定を行ない、$name、またはデフォルト値を返却します
$username = $name ?: '名前が空です';
echo $username.PHP_EOL; // 名前が空です
```

ここで注意して欲しいのは、判定基準がif構文(if ($name) {})に相当するという点です。!empty()に判定基準は酷似しているのですが、未定義変数の参照には対応していません。

Null合体演算子やempty()とは異なり、未定義変数を参照しようとすると警告が発生します。

リスト1.76: エルビス演算子は、未定義の変数を参照すると警告が発生する

```
ini_set('display_errors', 1);
error_reporting(E_ALL);
// Notice: Undefined variable: undefname
echo ($undefname ?: '名前が空です').PHP_EOL; // 名前が空です
```

筆者としては、Null合体演算子 (??)とエルビス演算子 (?:) の機能を統合した、!empty()に相当する演算子もあると便利だなと思っています。

1.11 （PHP5.4）コールバック（callable）

PHPマニュアルより

言語リファレンス > 型 > コールバック

http://php.net/manual/ja/language.types.callable.php

公式マニュアルには「call_user_func() や usort() 等の関数は、ユーザーが定義するコールバック関数を引数として受け入れます。コールバック関数は、単純な関数だけでなく、オブジェクトのメソッドあるいはクラスの静的メソッドであってもかまいません」と書いてあります。

コールバック（callable）型とは、要約すると「(コールバック）関数を引数で必要とする関数のための擬似的な型」です。**「呼び出し可能な関数かどうかを判断するための擬似的な型」**であるとも言えます。

リスト 1.77: is_callable() による、呼び出し可能な関数かどうかの調査

```
// 調査のために適当な関数とクラスを定義しておく
function myfunc() {}
class MyTest {
    static function mystafunc() {}
    function myfunc() {}
}

// myfuncは定義されているので呼び出し可能な関数
var_dump(is_callable('myfunc')); // bool(true)
// myfunc2は定義されていないので呼び出しできない
var_dump(is_callable('myfunc2')); // bool(false)

// MyTestのmystafuncは呼び出し可能な静的(クラス)メソッド
var_dump(is_callable(['MyTest', 'mystafunc'])); // bool(true)
/**
 * is_callable()は、関数としてコール可能な構造
 * であるかどうかを調べるだけなので、クラスインスタンスが必要な
 * 通常のメソッドもtrueになる
 */
var_dump(is_callable(['MyTest', 'myfunc'])); // bool(true)
$obj = new MyTest();
var_dump(is_callable([$obj, 'myfunc'])); // bool(true)

// 無名関数は呼び出し可能な関数
$anonymous = function() { return true; };
var_dump(is_callable($anonymous));
```

1.11.1 無名関数の型

無名関数はcallableであると判断されました。そうなると、無名関数はコールバック型で保存されているのではないかという疑問が生まれます。

しかしコールバック型は擬似的なので、実際の変数がコールバック型で保存されることはありません。実際に無名関数を作成して調査してみました。

リスト1.78: 無名関数の型の実体調査

```
$anonymous = function($test) { echo $test.PHP_EOL; };
var_dump(gettype($anonymous)); // string(6) "object"
```

これをみると、無名関数はオブジェクトとして保存されていることがわかります。

1.11.2 無名関数の実行

無名関数は、次のように実行することができます。

リスト1.79: 無名関数の実行

```
$anonymous("abc"); //abc
call_user_func($anonymous, "abc"); //abc
```

関数型プログラミング

PHPで無名関数（クロージャー）が多用されることは少ないのですが、無名関数では「関数型プログラミング」という考え方を知っておくと理解が深まります。

Qiitaに@stkdevさんの素晴らしい記事がありますので、興味を持たれた方はぜひ読んでみてください。

・関数型プログラミングはまず考え方から理解しよう
—https://qiita.com/stkdev/items/5c021d4e5d54d56b927c

リスト1.80: 無名関数を活用した関数型プログラミング（JavaScript）

```
// データ部分のみ定義
var order = [{dish:"唐揚げ",num:10},
             {dish:"唐揚げ",num:8},
             {dish:"唐揚げ",num:6}];
// 表示関数
var show = function(d){
    console.log(d.dish +d.num + "個");
};
// 中身を全て表示
var showAll = function(data){
    data.forEach(show);
};
```

これは筆者の個人的な解釈ですが、関数を多用した関数型プログラミングは、複数の処理を非同期に走らせたい局面に向いたプログラミングスタイルです。

なお、PHPにおいて関数型プログラミングは必須スキルではありません。関数型プログラミングに最適化された言語ではないので、覚えたからといって安易に多用するとかなり分かりにくいコードになってしまいます。

1.11.3 (PHP7.3) 関数の末尾カンマ

PHP7.3から、関数の末尾にカンマが使えるようになりました。可変長の引数を受け入れる配列で役立ちます。

リスト1.81:

```
// $numbersは引数の数によって増減する配列となる
function sum(...$numbers) {
    $acc = 0;
    foreach ($numbers as $n) {
        $acc += $n;
    }
    return $acc;
}

// PHP7.3以降では、関数の末尾がカンマで終わっても許容される
$total = sum(1, 2, 3, 4,); // int(10)
echo $total."\n";
```

なお、途中を省略する「abc(, , 1);」のような書き方も案としてはあったようですが、これはRFCが却下されてしまいました。

・却下されたPHP RFCを見てみる その2
　—https://qiita.com/rana_kualu/items/180990033bd9b1b2c316#skipping-optional-parameters

Qiitaの@rana_kualuさんの記事は、PHPの最新動向を反映していることが多いためオススメです。

第2章　変数のスコープと特別な変数・定数

PHPの変数スコープは、他の言語の経験者から見ると物足りなさを感じることがあります。

リスト2.1: JavaScript（ECMAScript2015）の変数のスコープ

```
if (true) {
    // constで宣言すると、
    // ifのスコープの中でしかアクセスできない変数が作れる
    const str = 'abcde';
}
// ここでアクセスすることはできない
console.log(str);
```

リスト2.2: PHPでは、ifの中だけに変数のスコープを限定できない

```
<?php
if (true) {
  $str = 'abcde';
}
// string(5) "abcde"
var_dump($str);
```

2.1　変数のスコープを限定したい

基本的に、使い終わった変数は破棄されることが望ましいです。必要のない局面になっても残り続ける変数は、デメリットこそあれど、メリットはほとんどありません。

- 不用意にメモリーに変数が残り続けてしまう
- 変数の生存期間が長くなるほど、変数の使われ方（軌跡）を追うのが大変になり、不具合が起きやすくなる

しかし、変数を毎回unset()するのも大変です。そこで、PHPにおける変数のスコープをしっかり理解した上で取り扱う必要がありそうです。

2.2　変数のスコープは3種類

PHPの変数には、主に3種類のスコープがあります。

- ローカルスコープ（関数内スコープ）
- グローバルスコープ

・スーパーグローバル

この中で、もっとも重要なのはローカルスコープです。PHPにおいては、ローカルスコープを制すものはスコープを制する、と筆者は考えます。

2.3 ローカルスコープ（関数内スコープ）

まずはローカルスコープから見ていきます。関数内で定義された変数は、関数を外れると未定義扱いとなる点に注目してください。

リスト2.3:

```
function localscope()
{
    // 関数内で宣言された変数は、関数内でしか生存しません。
    $str = 'abcde';
    return $str;
}

// 関数を呼び出してみる
localscope();

// str is not alive
echo isset($str) ? 'str is alive.' : 'str is not alive.';
echo PHP_EOL;
```

このくらいであれば、初心者向けの本でも載っているとは思います。**「ローカルスコープを活用することで、変数の生存期間を抑えることが出来る」**この事実は、とても重要です。

変数のスコープは、PHPに限らず他のプログラミング言語においても必須であり、必ず役に立つ知識です。忘れずに覚えておきましょう。

2.3.1 関数を活用して、長く生存する変数を減らそう

ローカルスコープを活用するには、関数がとても重要な役割を担います。長く生存する変数を減らすために、次の工夫をしましょう。

・大きすぎる関数を作らない

・適度に関数分割を行う

筆者も過去に遭遇したことがありますが、30行目で定義された変数が500行目で使われているようなプログラムは、いつ不具合（デグレ）が発生しても不思議ではありません。

2.4 グローバルスコープ

PHPには、他にも「グローバルスコープ」と「スーパーグローバル」があります。グローバルス

コープは、関数の外で定義された普通の変数です。

リスト2.4: 関数の外で定義するグローバルスコープ

```
<?php
function localscope()
{
    // ローカルスコープ
    $str = 'abcde';
    return $str;
}

// グローバルスコープ
// クラスや関数の外で定義している普通の変数
$str = 'abcde';
```

グローバルスコープは変数の生存期間が長くなってしまうので、PHPではあまり推奨されない書き方です。

2.4.1 global宣言は使わないほうが良い

PHPにはglobal宣言という構文があり、関数内からグローバル変数を使うことができます。初心者向けの本やサイトで登場することがありますが、よほどの事情がない限り使わないほうが良いです。

リスト2.5:

```
<?php
$a = 1;
$b = 2;
function sum()
{
    global $a, $b;
    return $a + $b;
}
```

関数は入力値を引数で受け取り、処理や判定結果を出力（return）で返す存在です。その範囲内に留めておきましょう。これには、ユニットテストがやりやすくなる、グローバル領域を汚さないなどさまざまなメリットがあります。

2.5 スーパーグローバル

スーパーグローバルは、主に変数の先頭に「$_」が付いている変数です。

PHPマニュアルより

言語リファレンス > 定義済の変数 > スーパーグローバル

http://php.net/manual/ja/language.variables.superglobals.php

- $GLOBALS: グローバルスコープで使用可能なすべての変数
- $_SERVER: サーバー情報および実行時の環境情報
- $_GET: HTTPのGET変数
- $_POST: HTTPのPOST変数
- $_FILES: HTTPのファイルアップロード変数
- $_COOKIE: クッキー変数
- $_SESSION: セッション変数
- $_REQUEST: リクエスト変数（$_GET、$_POST、$_COOKIEの内容をまとめた連想配列）
- $_ENV: 環境変数

PHP側で用意された変数で、予め変数が定義されています。スーパーグローバルは、いつでも取り出せる便利な存在です。

ただし、全体に影響するため安易な書き換えには危険が伴います。$_COOKIEや$_SESSIONやなどの値を書き換えることが前提の変数を除き、基本的には利用するだけに留めましょう。

2.5.1　セッションをどこに保存するか？

PHPのセッションは、特別な設定をしないとファイルに保存されます。これは、session_set_save_handler()で変更することができます。

セッションの保存先は、大きくわけて4つの選択肢があります。

1. ファイルに保存する
2. DBに保存する
3. RedisやMemcacheなどのKVS（キーバリューストア）に保存する
4. クッキーに暗号化して保存する

ファイルに保存するのはもっともお手軽ですが、Webサーバーを増設して負荷分散した場合に他のサーバーにファイル（セッションの内容）を引き継げないという大きな欠点があります。

一方で「2～4」は、すべて負荷分散に強い構成です。

2. DB： もっとも堅牢だが、DBの負担は増える
3. KVS： メモリー管理のため高速だが、Memcacheの場合は再起動するとデータが消える
4. クッキー： クッキーに保存できるデータの最大長は4kBなので、容量に制限がある

どれも一長一短なので、取捨選択が必要です。基本的には、フレームワーク側が提供しているSessionクラスの設定の中からひとつを選択して保存していく形になります。

（PHP5.4） SessionHandlerInterface

セッションハンドラーは自作することもできます。自分で作ってみると、理解も深まるのでオススメです。

- PHP5.4~ セッションをMySQLに保存したい
  —https://qiita.com/suin/items/b432f964d2b6e1e9e64d

このsuinさんの記事では、SessionHandlerInterfaceを利用しています。PHP5.4で追加されました。インターフェースを継承したクラスのインスタンスを、session_set_save_handler()に登録します。

オブジェクトを活用することで、処理の集約がしやすくなる利点があります。

リスト2.6: 自作のセッションハンドラーを使ってセッションをやりとりする

```
session_set_save_handler(new MySessionHandler(), true);
session_start();
```

2.6 （PHP7.0）削除された定義済み変数

PHPには、スーパーグローバルの他にも定義済み変数があります。非推奨や削除された定義済み変数もあるため、注意が必要です。

PHPマニュアルより

言語リファレンス ＞ 定義済の変数

http://php.net/manual/ja/reserved.variables.php

- $php_errormsg： （PHP7.2で非推奨）直近のエラーメッセージ
- $HTTP_RAW_POST_DATA： （PHP7.0で削除）生のPOST データ
- $http_response_header： HTTPのレスポンスヘッダ
- $argc： スクリプトに渡された引数の数
- $argv： スクリプトに渡された引数の配列

2.7 定義済み定数

PHPが用意した定義済みの変数があるように、定数にも定義済みの定数があります。

PHPマニュアルより

言語リファレンス ＞ 型

http://php.net/manual/ja/language.types.php

付録 > 予約語の一覧 > 定義済みの定数

http://php.net/manual/ja/reserved.constants.php

言語リファレンス > 定数 > 自動的に定義される定数

http://php.net/manual/ja/language.constants.predefined.php

__DIR__や__FILE__などのマジカル定数（マジック定数）は、デバッグにも便利な定数です。なお、PHPの定義済み定数はたくさんあるため、全部を把握するのは困難です。

図2.1: 定義済み定数はたくさんある

PHP: 定義済み定数 - Manual - PHP.net
php.net/manual/ja/paradox.constants.php ▼
定義済み定数 ¶. 以下の定数が定義されています。 この関数の拡張モジュールが **PHP** 組み込みでコンパイルされているか、 実行時に動的にロードされている場合のみ使用可能です。 以下のふたつの表で、paradox 拡張モジュールで定義されている全ての ...

PHP: 定義済み定数 - Manual - PHP.net
php.net/manual/ja/yaml.constants.php ▼
定義済み定数 ¶. 以下の定数が定義されています。 この関数の拡張モジュールが **PHP** 組み込みでコンパイルされているか、 実行時に動的にロードされている場合のみ使用可能です。 yaml_parse() のコールバックメソッドで使う、 スカラーエンティティの形式 ...

PHP: 定義済み定数 - Manual - PHP.net
php.net/manual/ja/rpmreader.constants.php ▼

あまりに多すぎる上に、解説ドキュメントが機能毎に分散しています。筆者はすべてを覚えるのは諦めました。なお、万が一衝突した場合は、PHPが警告を出力してくれます。

リスト2.7: 定義済みの円周率定数を再定義してみる

```
ini_set('display_errors', 1);
error_reporting(E_ALL);
// Notice: Constant M_PI already defined
define('M_PI', 3.14);
```

エラー設定が適切でない場合、エラーメッセージが出力されない場合があります。その場合はerror_reporting()を使い、エラーの表示レベルを調整してみてください。また、エラーメッセージの出力設定「ini_set('display_errors', 1)」が、開発環境ではONで本番環境ではOFFになっているかも確認されることをオススメします。

第3章　型の変換

前章までに変数についての理解を深めました。ここからは型の変換について学びます。プログラミング言語としてのPHPは、「型を制するものはPHPを制す」と言えるほど型の理解が重要です。

3.1　型変換を理解すべき理由

なぜ、型の変換を理解する必要があるのでしょうか？

理由はいくつかあるのですが、もっとも大きな理由として「PHPは自動的に型を変換する言語だから」という点が挙げられます。

参考例として、次のサンプルプログラムを取り上げます。

リスト3.1: 1と1abcが同じであると判定される

```
if (1 == '1abc') {
    echo '一致しました！'.PHP_EOL; // 一致しました！
}
```

1と1abcが同じであると判定される背景には、PHPの自動的な型変換（暗黙的型変換）が関係しています。

1. 「==」による数値と文字列の比較では、文字列を数値に変換して比較するため、1abcが数値に自動変換される
2. 1abcが1に自動変換されたことで、比較の結果が一致する
3. 結果的に「1 == "1abc"」となる

3.2　型変換の種類

PHPの型変換には、大きくわけて「暗黙的型変換」と「明示的型変換」の2種類があります。

3.2.1　暗黙的型変換

「==」における文字列から数値への変換のように、PHPによって自動的に行われる変換を暗黙的型変換と呼びます。この暗黙的な型変換は、変数を単純にifで判定した場合も発生しています。

リスト3.2: 変数のif判定でも型の変換は発生する

```
$a = 1;
// 変数をifで判定すると、$aが真偽値に自動変換された上で判定される
if ($a) {
    echo '真です！'.PHP_EOL; // 一致しました！
```

```
}
```

if構文は、あくまで括弧内の式の結果が真（true）か偽（false）によって判定します。そこで、変数を振るいにかけるため、真偽値に自動変換されるのです。

3.2.2 明示的型変換

一方で、プログラマが明示的に指示した変換を明示的型変換と言います。

リスト3.3: プログラマが明示的に型の変換を指示している

```
$a = 1;
var_dump((bool) $a);   // bool(true)
var_dump(boolval($a)); // bool(true)
```

明示的型変換では、(bool) や（int）のように変数の頭に「(型)」をつける方法と、boolval()やintval()などの「xxval()」関数を使う方法があります。この場合も、PHPの型変換ルールに沿って変換が行われます。

明示的にせよ暗黙的にせよ、使いこなすためには型変換のルールを理解する必要があります。

3.3 緩やかな比較と厳密な比較

PHPには、緩やかな比較と厳密な比較があります。PHPで変数を比較する場合、どちらの比較が行われているのかを理解することが重要です。

- 緩やかな比較：暗黙的な型変換が発生する可能性がある
- 厳密な比較：型の変換は発生しない

PHPで比較をする場合、「型の一致を含めた厳密な比較」を使用するのが基本です。曖昧な比較では、「1 == '1abc'」に遭遇する可能性があるからです。

- 緩やかな比較が発生するケース
  - 「==」による比較
  - 「!=」と「<>」による比較
  - switch 文
- 厳密な比較が発生するケース
  - 「===」による比較
  - 「!==」による比較

3.3.1 switch文を使わないという選択肢

PHPのswitch文では、緩やかな比較が使われます。そのため、次のトラブルに遭遇する可能性があります。

リスト 3.4: swtich で考える緩やかな比較問題

```
// 結果： 0 is A
$b = 0;
switch ($b) {
    case 'A':
        // 「0 == A」なので、ここに来てしまう
        echo '0 is A'.PHP_EOL;
        break;
    case 0:
        // 本来ならここに来て欲しい
        echo '0 is 0'.PHP_EOL;
        break;
}
```

「case 'A', case 0」と書くのは稀なので、これは極端な例です。文字列が数値に変換されたため、このような事象が発生します。PHPではswitchを使わず「if ($b === 'A')」と判定したほうが、より確実なプログラムになります。

3.3.2 緩やかな比較をする関数と厳密な比較をする関数

比較が行われるのは、比較演算子や基本構文（if、switch、while）だけに限りません。たとえば、配列の中に一致する要素があるかを検査するin_array()では、厳密な比較をするオプション（第3引数）があります。

リスト 3.5: in_array() のオプション

```
in_array(mixed $needle, array $haystack [, bool $strict = FALSE])
```

リスト 3.6: in_array() における緩やかな比較と厳密な比較

```
$c = 0;

// 緩やかな比較
var_dump(in_array($c, ['0A', '1B', '2C'])); // bool(true)

// 厳密な比較
var_dump(in_array($c, ['0A', '1B', '2C'], true)); // bool(false)
```

この例をみると、in_array()は第3引数をtrueにして使用することが望ましいと考えられます。比較を伴う関数では、まず利用する前に公式マニュアルを参照して、どのような比較が行われるのか確認することを推奨します。

array_search()でも同じことが起こる

サンプルではin_array() を例にしましたが、array_search()でも同じことが起こります。

リスト3.7:

```
$as = 1;

// 緩やかな比較
var_dump(array_search($as, ['0A', '1B', '2C'])); // int(1)

// 厳密な比較
var_dump(array_search($as, ['0A', '1B', '2C'], true)); // bool(false)
```

3.4 論理型（bool）への変換

PHPマニュアルより

言語リファレンス > 型 > booleanへの変換

http://php.net/manual/ja/language.types.boolean.php

論理型への変換は、ifの判定でも使われるため重要です。そこまでケースも多くないので、暗記してしまいましょう。

- boolean の FALSE
- integer の 0 （ゼロ）
- float の 0.0 （ゼロ）
- 空の文字列、 および文字列の "0"
- 要素の数がゼロである 配列
- 特別な値 NULL （値がセットされていない変数を含む）
- 空のタグから作成された SimpleXML オブジェクト

これ以外は、すべて真（TRUE）になります。

リスト3.8: 論理型（bool）への変換が働くifの変数判定

```
// 次の例はすべてfalseに変換されるので、何も出力されません

// booleanのFALSE
if (false) { echo "TRUE!"; }
// intの0とfloatの0.0
if (0 || 0.0) { echo "TRUE!"; }
// 空の文字列と文字列の "0"
if ("" || "0") { echo "TRUE!"; }
// 要素数がゼロの配列
if ([]) { echo "TRUE!"; }
// 特別な値 NULL (値がセットされていない変数を含む)
```

```
if (NULL) { echo "TRUE!"; }

// 空のタグから作成された SimpleXML オブジェクト
$xml_string = <<<EOF
<?xml version="1.0" encoding="utf-8" ?>
<image />
EOF;
if (new SimpleXMLElement($xml_string)) { echo "TRUE!"; }
```

3.4.1 文字列としてのゼロ（0）を真にするには？

文字列を真偽にかける場合、実用上その多くは文字が入力されているかどうかで分岐します。そこで、文字列としてのゼロ（0）を真と判定させる場合は文字列の中身があるかどうかでチェックします。

なんらかの文字が入力されているかを、文字列の長さで判定するアプローチです。

リスト3.9: 文字列のゼロ（0）の判定

```
$d = "0";

// 普通に判定するとヒットしない
if ($d) {
    echo "ここには来ません".PHP_EOL;
}
// 文字列として考え、長さを判定すればヒットする
if (strlen($d) > 0) {
    echo "なんらかの文字が入力されています".PHP_EOL;
}
```

3.5 整数型（int）への変換

> **PHPマニュアルより**
>
> 言語リファレンス > 型 > 整数への変換
>
> http://php.net/manual/ja/language.types.integer.php

3.5.1 論理型（boolean）から整数への変換

FALSEは0（ゼロ）となり、TRUEは1となります。

リスト3.10: 論理型から整数への変換

```
var_dump((int) true);  // int(1)
var_dump((int) false); // int(0)
```

3.5.2 浮動小数点数（float）から整数への変換

floatから整数に変換する場合、その数はゼロのほうに丸められます。いわゆる切り捨てです。

リスト3.11: 小数から整数への変換

```
var_dump((int) 1.1);      // 1
var_dump((int) 0.333e2); // 33
```

3.5.3 文字列（string）から整数への変換

公式マニュアルには「文字列の最初の部分により値が決まります。文字列が有効な数値データから始まる場合、この値が使用されます。その他の場合、値は0（ゼロ）となります。」と書いてあります。

つまり、文字列の先頭が数値として認識できる値かどうかによって文字列から数値への変換は決まります。詳しくは「文字列の数値への変換」をご確認ください。

・http://php.net/manual/ja/language.types.string.php

リスト3.12: 文字列から数値への変換

```
$foo = 1 + "10.5";                // $foo は float です (11.5)
$foo = 1 + "-1.3e3";              // $foo は float です (-1299)
// Warning: A non-numeric value encountered
$foo = 1 + "bob-1.3e3";           // $foo は integer です (1)
// Warning: A non-numeric value encountered
$foo = 1 + "bob3";                // $foo は integer です (1)
$foo = 1 + "10 Small Pigs";       // $foo は integer です (11)
$foo = 1 + "10 Little Piggies"; // $foo は integer です (11)
$foo = "10.0 pigs " + 1;          // $foo は integer です (11)
$foo = "10.0 pigs " + 1.0;        // $foo は float です (11)
```

3.5.4 それ以外の型から整数への変換

それ以外の型を整数へ変換しようとすると、予測できない動きをします。使わないことを推奨します。

3.6 浮動小数点数型（float）への変換

floatへの変換は、整数型（int）の変換と同じような動きとなります。本書では詳細を割愛させていただきます。

3.7 文字列型（string）への変換

整数と小数の文字列への変換はわかりやすいですが、論理型・配列型・オブジェクトでは注意が必要です。

3.7.1 論理型（boolean）から文字列への変換

真偽値を文字列へ変換すると、真（true）は1になり、偽（false）は空文字になります。

リスト3.13: 論理型から文字列への変換

```
var_dump((string) true);  // string(1) "1"
var_dump((string) false); // string(0) ""
```

筆者は偽（false）は0になると思っていた時期があったため、この結果は少し意外でした。ただし、そもそも論ではありますが論理型を文字列に変換するプログラムはあまり書かないことを推奨します。

falseを変換した空文字が文字列内に紛れたとしても、気づかないまま終わってしまう可能性があります。

3.7.2 配列やオブジェクトから文字列への変換

次の例を見てもわかるように、配列やオブジェクトから文字列へは変換しないほうが良いことがわかります。

リスト3.14: 配列とオブジェクトを文字列に変換してみる

```
// 配列を文字列に変換するとstring(5) "Array"になる
var_dump((string) ["abc", "def"]);

// Recoverable fatal error: Object of class stdClass
// could not be converted to string
var_dump((string) new stdClass());
```

配列を文字列に変換する場合はimplode()を使用したり、クラスには文字列を出力する関数を自前で作成するなど、PHPの変換には頼らず自前で工夫されることをオススメします。

3.8 配列（array）への変換

> **PHPマニュアルより**
>
> 言語リファレンス > 型 > 配列への変換
>
> http://php.net/manual/ja/language.types.array.php

公式マニュアルには「integer, float, string, boolean, resourceのいずれの型においても、arrayに変換する場合、最初のスカラー値が割り当てられている一つの要素（添え字は0）を持つ配列を得ることになります。」と書いてあります。

つまり、長さが1の配列に変換されます。要素はひとつだけで、変換元の値です。ただし、配列への型変換を使う機会は少ないので、あまり覚える必要はないかもしれません。

リスト3.15: スカラー値の配列（array）への変換

```
var_dump((array) true); // array(1) { [0]=> bool(true) }
var_dump((array) 1); // array(1) { [0]=> int(1) }
var_dump((array) 1.1); // array(1) { [0]=> float(1.1) }
var_dump((array) 'abcde'); // array(1) { [0]=> string(5) "abcde" }
```

なお、配列の型変換を使うくらいであれば、「$array = [$value];」のように自分で配列を定義したほうが確実です。わざわざ配列の型変換の挙動で、要素が1の配列を作り出すメリットはほとんどありません。

3.9 オブジェクト（objece）への変換

> **PHPマニュアルより**
>
> 言語リファレンス > 型 > オブジェクトへの変換
>
> http://php.net/manual/ja/language.types.object.php

公式マニュアルには「オブジェクト以外の型の値がオブジェクトに変換される時には、stdClassというビルトインクラス（予めPHPの内部で定義されているクラス）のインスタンスが新しく生成されます。」と書いてあります。

配列をオブジェクトへ変換するケースとそれ以外では、動きが違います。配列の変換と同じく使う機会は多くないので、無理に動きを覚える必要はありません。

リスト3.16: 配列からオブジェクトへの変換

```
$obj = (object) ['bar' => 'foo'];
var_dump($obj->bar); // string(3) "foo"
```

配列以外の値は、scalarという名前のメンバー変数に値が格納されます。

リスト3.17: 配列以外のオブジェクトへの変換

```
$obj = (object) 'ciao';
echo $obj->scalar.PHP_EOL; // 'ciao' を出力します
```

3.10 リソース型への変換

リソースは特殊な型なので、他の値をリソース型に変換することはできません。

リソースを他の型に変換するとどうなるのか？

普段このようなプログラムを書くことはないでしょうが、リソースを変換するとどうなるのでしょうか？

リスト3.18: リソース型を変換してみる

```
$resource = fopen(__FILE__, 'r');

var_dump((bool) $resource); // bool(true)
var_dump((int) $resource); // int(5)
var_dump((string) $resource); // string(14) "Resource id #5"

// array(1) { [0]=> resource(5) of type (stream) }
var_dump((array) $resource);

// object(stdClass)#1 (1) { ["scalar"]=>
// resource(5) of type (stream) }
var_dump((object) $resource);
```

どうやら、他の型への変換にはリソースIDが使われているようです。なお、変換してみたところで使い道は少ないため、実際のプログラムで明示的に変換することは稀かと思います。

第4章　（PHP7）型宣言

型宣言はPHP5系の頃からある機能でした。しかし、スカラー型（Int, String...）は宣言できないなどの弱点があり、中途半端な状態が続いていました。

それが、PHP7で機能拡張された事によってより実用的になりました。具体的には、整数型（Int）や文字列型（String）をはじめとした多くのスカラー型も型宣言できるようになったのです。

> **PHPマニュアルより**
>
> 関数 ＞ 関数の引数 ＞ 型宣言
>
> http://php.net/manual/ja/functions.arguments.php#functions.arguments.type-declaration

なお、PHP5の頃はタイプヒンティングと呼ばれていたのですが、PHP7になって型宣言という呼び名に統一されました。

4.1　型宣言の基本的な使い方

型宣言では、関数の引数の頭に型を記述します。言葉で説明するよりもプログラムを見たほうが理解が早いと思いますので、サンプルプログラムを掲載します。

リスト4.1:

```
final class SampleTypeDeclaration
{
    // 今までの書き方
    public static function echoUserId($userId)
    {
        echo "userId=".$userId.PHP_EOL;
    }

    // 型宣言によって、引数が整数である事を保証する
    public static function echoUserIdType(int $userId)
    {
        echo "userId=".$userId.PHP_EOL;
    }
}

// userId=abcde
```

```
SampleTypeDeclaration::echoUserId('abcde');

// userId=12345
SampleTypeDeclaration::echoUserIdType(12345);

/**
 * 整数を要求している関数に対して、文字列を与えてしまった。
 * Fatal error: Uncaught TypeError: Argument 1 passed to
 * SampleTypeDeclaration::echoUserIdType()
 * must be of the type integer, string given, called in
 */
SampleTypeDeclaration::echoUserIdType('abcde');
```

4.2　型宣言が必要である理由

型宣言は、関数の製作者のためにあります。関数の引数に制約がない状態だと、引数がとり得る値は無限大のパターンがあります。

型宣言のないechoUserId関数は、もしかしたら$userIdが配列かもしれないし、真偽値（bool）かもしれません。その場合、関数は本来想定してしない動きをすることになります。

一方で、型宣言によって数値であることが保証されていれば余計な心配をする必要がなくなります。型宣言を活用することで、関数をシンプルかつ安全に保つことができるのです。

4.2.1　型宣言を導入するメリット

型宣言が推奨される理由は、さまざまなメリットがあるからです。もしJavaScriptを使っているならば、「なぜTypeScriptが流行るのか？」といった問いに置き換えてみるとわかりやすいでしょう。

- 想定外の引数を受け取るとエラーになるため、不具合を早めに検知できる
- 関数の製作者が、引数に求める意図を明示することができる
- 型が保証されていることによって、関数の引数チェックを簡易化することができる
- 想定外の引数は弾くので、関数の品質を一定に維持できる

4.3　型宣言の特徴

- 関数の引数に対して設定します。通常の変数に型宣言することは出来ません
- 想定外のパラメータを受け取ると、TypeErrorをスローします

関数の引数に対して設定するため、型宣言を活用してプログラムの品質を向上したい場合は、関数を組み合わせながら大きなプログラムを作り上げていくプログラミングスタイルを推奨します。

UNIX哲学に学ぶプログラミングスタイル

「小さな関数を組み合わせる」という考え方は、UNIX哲学に似ています。

UNIXやLinuxでは、単純なコマンドをパイプラインという仕組みで組み合わせることによって複雑な処理を実行することができるようになっています。

・小さいものは美しい

・各プログラムが一つのことをうまくやるようにせよ

UNIX哲学には、PHPの型宣言を活用したプログラミングスタイルを築き上げるためのヒントが詰まっています。もし興味がありましたら、「UNIXという考え方―その設計思想と哲学（オーム社）」に掲載されていますので、ぜひとも読んでみてください。

・UNIXという考え方―その設計思想と哲学（オーム社刊）

―https://www.ohmsha.co.jp/book/9784274064067/

4.4 クラスインスタンスやNULL値への適用

PHPの型宣言は、IntやStringなどのスカラー型のみならず、クラスインスタンスやNULL値にも適用することができます。

リスト4.2: クラスインスタンスや、NULL値も型宣言が出来る

```
final class SampleClassNullDeclaration
{
    // クラスインスタンス(オブジェクト)で型宣言する
    public static function echoDate(DateTime $datetime)
    {
        echo $datetime->format('Y-m-d').PHP_EOL;
    }

    // (PHP7.1)nullable 先頭にはてなマーク(?)があると、NULL値も許容します
    // NULLもしくはDateTimeという意味です
    public static function echoDateOrNull(?DateTime $datetime)
    {
        if ($datetime) {
            echo $datetime->format('Y-m-d');
        } else {
            echo 'datetime is null.';
        }
        echo PHP_EOL;
    }
}

// 2018-09-17
SampleClassNullDeclaration::echoDate(new DateTime());
```

```
// datetime is null.
SampleClassNullDeclaration::echoDateOrNull(null);

/**
 * 想定外の型を与えてしまった
 * Fatal error: Uncaught TypeError: Argument 1 passed to
 * SampleClassNullDeclaration::echoDate()
 * must be an instance of DateTime, string given, called in
 */
SampleClassNullDeclaration::echoDate('test');
```

4.5 型宣言の歴史

型宣言は、少しずつ拡張されて育ってきました。今後もさらなる拡張が期待されます。本書を執筆している現時点では、クラスのプロパティー（メンバー変数）に対しての型宣言の議論が進められています。PHP7.4での導入が期待されます。

- （PHP5.0）クラス名/インターフェイス名
  —パラメータは、指定したクラスやインターフェイスのインスタンスでなければいけません。
- （PHP5.0）self
  —パラメータは、そのメソッドが定義されているクラスと同じクラスのインスタンスでなければいけません。
- （PHP5.1）array
  —パラメータは配列でなければいけません。
- （PHP5.4）callable
  —パラメータはcallableでなければいけません。
- （PHP7.0）bool
  —パラメータはboolean値でなければいけません。
- （PHP7.0）float
  —パラメータはfloatでなければいけません。
- （PHP7.0）int
  —パラメータはintegerでなければいけません。
- （PHP7.0）string
  —パラメータはstringでなければいけません。
- （PHP7.1）iterable
  —パラメータは、arrayまたはTraversableでなければいけません。

PHPは型に柔軟な言語であるにもかかわらず、なぜ型の制約を導入する動きが加速しているのでしょうか？これはあくまで筆者の想像ですが、求められる品質のレベルが上ったことと規模の大きいWebシステムにもPHPが採用され始めるようになったからだと推測しています。

4.6 弱い型付けと強い型付け

PHPの型宣言には、弱い型付けと強い型付けがあります。デフォルト状態では弱い型付けになります。

弱い型付けでは、PHPの暗黙的型変換（自動型変換）が働きます。強い型付けでは、厳格な判定が行われる違いがあります。

4.6.1 弱い型付け

弱い型付けでは、PHPが型を頑張って変換しようとします。例えば型宣言が整数（Int）だった場合、弱い型付けでの型宣言を正確に表現すると**「数値に"変換できるモノ"しか扱わない」**となります。

リスト4.3: 弱い型付けでは暗黙的型変換が発生する

```
final class SampleWeak
{
    // 整数に"変換できるモノ"だけ扱います。
    public static function echoUserIdWeak(int $userId)
    {
        echo "userId=".$userId.PHP_EOL;
    }
}

// 先頭が数値である文字列は、暗黙的型変換で数値に変換できる
// userId=123
SampleWeak::echoUserIdWeak('123abcde');
```

4.6.2 強い型付け

PHPは型に柔軟な言語なので、それを素直に適用したのが弱い型付けの動きです。しかしながら、「123abcde」が「123」に変換され、関数が実行されてしまうのは避けたいですよね？

そこで登場するのが強い型付けです。

リスト4.4: 強い型付けでは厳格な判定が行われる

```
// 強い型付けの使用を宣言する
// 利用したいファイルの先頭に毎回宣言します
declare(strict_types=1);

final class SampleStrong
{
    // 整数だけ受け付ける
```

```
    public static function echoUserIdStrong(int $userId)
    {
        echo "userId=".$userId.PHP_EOL;
    }
}

// userId=123
SampleStrong::echoUserIdStrong(123);

/**
 * 弱い型付けでは通っていたが、強い型付けでは弾かれる
 * Fatal error: Uncaught TypeError: Argument 1 passed to
 * SampleStrong::echoUserIdStrong() must be of the type integer,
 * string given, called in
 */
SampleStrong::echoUserIdStrong('123abcde');
```

強い型付けでは、弱い型付けの暗黙的型変換という挙動を捨てる代わりに、厳密な型チェックを実現することができます。

毎回「declare(strict_types=1);」を宣言するのは面倒ですが、基本的には強い型付けを推奨します。

4.7 戻り値の型宣言

今までは、関数の引数に対する型宣言でした。次に、関数の戻り値に対する型宣言を見てみましょう。

リスト4.5: 関数の戻り値の型宣言

```
declare(strict_types=1);

final class SampleReturnType
{
    // (PHP7.1)nullableはPHP7.1からです
    // 整数もしくはNULLを返す関数であることを宣言する
    public static function numberNullReturn(int $number): ?int
    {
        if ($number === 1) {
            return null;
        }
        if ($number === 2) {
            return $number + 1;
        }
```

```
        // 戻り値が数値ではないのでエラーになる
        return false;
    }

    // (PHP7.1)何も返らないことを保証する
    public static function voidReturn(int $number): void
    {
    }
}

// 何も表示されない(NULLが表示される)
echo SampleReturnType::numberNullReturn(1).PHP_EOL;
// 3が表示される
echo SampleReturnType::numberNullReturn(2).PHP_EOL;

/**
 * 想定外の型が返却されてしまった!
 * Fatal error: Uncaught TypeError: Return value of
 * SampleReturnType::numberNullReturn()
 * must be of the type integer or null, boolean returned in
 */
echo SampleReturnType::numberNullReturn(3).PHP_EOL;
```

戻り値の型宣言は、関数の利用者に優しい機能です。戻り値の型が宣言されていると、利用者は関数の戻り値が整数（Int）であることを前提にしてプログラミングをすることができます。

関数の製作者が意図しない値を返却しようとした場合、プログラムはエラーになります。早期に不具合を検知することができるため、初期の開発段階から利用していきましょう。

4.8 疑似型の型宣言

繰り返し可能（iterable）やコールバック（callable）のような疑似型の型宣言も参考として掲載します。使い方は他の型と同様です。

リスト4.6: iterableとcallableの型宣言

```
// 繰り返し可能(iterable)
function testIterable(iterable $ite) {
    foreach($ite as $val) {
        echo $val.PHP_EOL;
    }
}
```

```
// コールバック(関数呼び出し可能)型
function testCallable(callable $call) {
    $call();
}
// コールバック用のサンプル関数
function samplefunc() {
    echo 'samplefunc!'.PHP_EOL;
}

// foreachで繰り返し可能な値を渡す
testIterable(new ArrayIterator([1, 2]));

// コールバック可能な関数を渡す
testCallable(function () { echo 'callable!'.PHP_EOL; });
testCallable('samplefunc');

// abcという関数は定義してないのでエラーになる
// ...must be callable, string given...
testCallable('abc');
```

4.9 (PHP7.0) 型宣言のTypeError

型宣言に関するエラーでは、PHPはTypeErrorをスローします。もしtry〜catchで捕まえたい場合はTypeErrorを捕捉しましょう。

TypeErrorがスローされる条件を、公式マニュアルから引用します。

- 関数に渡された引数の型が、関数の宣言時に指定された型と一致しない場合。
- 関数の戻り値の型が、関数の宣言時に指定された型と一致しない場合。
- PHP組み込みの関数に渡す引数の数を間違えた場合（これは、strictモードの場合に限ります）。

PHPマニュアルより

言語リファレンス > 定義済みの例外 > TypeError

http://php.net/manual/ja/class.typeerror.php

リスト4.7: TypeErrorの例外を捕捉する

```
declare(strict_types=1);

function sample(): int
{
```

```
    // Int制約なのに真偽値を返してみる
    return true;
}

try {
    sample();
} catch (Exception $e) {
    // TypeErrorは通常のExceptionではない
} catch (TypeError $e) {
    // TypeErrorもしくはErrorのキャッチで捕捉できる

    // Class: TypeError
    echo 'Class: '.get_class($e).PHP_EOL;

    // Return value of sample()
    // must be of the type integer, boolean returned
    echo $e->getMessage().PHP_EOL;
}
```

配列と型宣言の相性問題

配列と型宣言は相性が良くありません。配列であることは定義できても、配列の中身までを宣言することができないからです。

次のサンプルを見てましょう。

リスト4.8:

```
function sample(array $arr) {
    // 配列の中身が想定した構造であるかまではわからない
    $arr['c']; // $arr['c']は未定義の可能性があります
}
```

この場合、引数の入力チェックを行なうようにするか、assert関数などを活用して補うことになります。もしくは関数の呼び出し側を工夫することで、配列を引数で受け取らないようなインターフェースに変更するアプローチもあります。

4.10 型を意識したPHPアプリケーション

今まで述べてきたように、PHPで確実なコードを書こうと思った場合、型は非常に重要な役割を果たします。

そこで「型を意識したPHPアプリケーション」という話になります。これに関しては、「PHPの現場」のポッドキャストでもおなじみの、@shin1x1さんのPHPカンファレンス2017の講演がオススメです。

・「型を意識したPHPアプリケーション」を発表しました
　—https://blog.shin1x1.com/entry/php-development-with-type-declration
・PHP Conference 2017 - 型を意識したPHPアプリケーション開発
　—https://www.youtube.com/watch?v=Ttwye1aYMV0

ブログ記事だけで理解するのは難しいですが、講演の内容がYoutubeで公開されています。実際にPHPカンファレンスに参加した気分で視聴してみましょう！

4.11　入力値をフィルターして型を合せる

強い型付けを使う場合、型を意識したPHPアプリケーション開発が求められます。ユーザーがフォームに入力した数値は文字列型になっていることが多いので、フィルターを通してInt整形することが必要です。

リスト4.9: filter_var()によるフィルターリングと型の変換

```
$var = filter_var('123abc', FILTER_VALIDATE_INT);
// 数値と関係ない文字が混ざっているとfalseになる
var_dump($var); // bool(false)

// 文字列の'123'が数値の123になる
$var = filter_var('123', FILTER_VALIDATE_INT);
var_dump($var); // int(123)

// マイナスの数値にも対応している
$var = filter_var('-123', FILTER_VALIDATE_INT);
var_dump($var); // int(-123)
```

なお、外部からの入力に特化したfilter_input()やfilter_input_array()などの関数もあります。GETやPOSTのリクエスト変数に活用しましょう。

・PHP7で流行って欲しいリクエストパラメータの受け取り方
　—https://qiita.com/mpyw/items/25abc3e51fddc85e0ec0

公式マニュアルにもfilterを活用したサンプルが少しだけありますので、参考にしてください。
・http://php.net/manual/en/filter.examples.validation.php

4.12　PHP7で堅牢なコードを書く

型宣言についての理解を深めたい方は、ぜひとも和田卓人（@t_wada）さんの講演を視聴して欲しいです。

・PHPカンファレンス福岡2017 PHP7で堅牢なコードを書く - 例外処理、表明プログラミング、契約による設計

—https://www.youtube.com/watch?v=54jHDHvcYAo

・PHP7 で堅牢なコードを書く - 例外処理、表明プログラミング、契約による設計 / PHP Conference 2016

—https://speakerdeck.com/twada/php-conference-2016

初講演はPHPカンファレンス2016ですが、あまりの好評ぶりに何度も再演された名セッションです。PHP7で品質が高く、かつ、シンプルなプログラミングをするためのヒントが凝縮されています。

第5章　(PHP5.3) 名前空間

名前空間は、クラスにおける住所のような役割を果たします。実はクラス以外にも関数・定数に効力を発揮するのですが、実用上はクラスに対して利用されることがもっとも多いです。

> PHPマニュアルより
>
> 言語リファレンス > 名前空間 > 名前空間の概要
>
> http://php.net/manual/ja/language.namespaces.rationale.php

5.1　名前空間のない世界

公式サイト（php.net）では、次の問題が提起されています。

- あなたが作成したコードと PHP の組み込みのクラス/関数/定数 あるいはサードパーティのクラス/関数/定数の名前が衝突する
- 最初の問題を解決するためには、Extra_Long_Names のような長い名前をつけなければならない

実際にエラーが発生するサンプルを書いてみました。言語レベルのPHPが持っているDateTimeクラスと衝突するため、実行するとエラーになります。

リスト5.1: 名前空間のない世界におけるクラス名の衝突

```
// Fatal error: Cannot declare class DateTime,
// because the name is already in use in
final class DateTime
{
    public function example()
    {
        return "My DateTime Class";
    }
}

$datetime = new DateTime();
echo $datetime->example();
```

5.2 住所を付与するための名前空間

DateTimeクラスの衝突は、同じ住所（デフォルトの名前空間）に存在するために起きている現象です。自作のDateTimeクラスに違う名前空間を与えると、エラーは解消されます。

リスト5.2: 名前空間の宣言

```
 /**
  * これから定義するクラス（や関数・定数）に、名前空間を付与します
  * 名前空間は階層化できます
  * => 住所でたとえれば「sample県ch05市」のようなものです
  */
namespace sample\ch05;

// \sample\ch05\DateTimeというクラスパスになります
final class DateTime {
    public function example()
    {
        return "My DateTime Class";
    }
}

// どちらの書き方でも動きます
// 1. 現在自分がいる名前空間で定義されているクラスを使う（相対パス）
$datetime = new DateTime();
echo $datetime->example().PHP_EOL;

// 2. 名前空間をはじめから記述する(絶対パス)
$datetime = new \sample\ch05\DateTime();
echo $datetime->example().PHP_EOL;

// 本来のPHPのDateTimeを使う際は、先頭にバックスラッシュを付けます
$original = new \DateTime();
echo $original->format('Y-m-d H:i:s').PHP_EOL;
```

すでに住所という言葉を何回か使っていますが、名前空間は現実における住所（都道府県、町名、番地）やURLにおけるパス（相対パス、ルート相対パス、絶対パス）の考え方に似ています。

実際のクラス名は、住所の最後に付けるマンション名のようなものです。

・今までの住所： \DateTime

・引っ越し先の住所： \sample\ch05\DateTime

5.3 名前空間を付与したクラスの呼び出し方

・DateTime

—同じ名前空間内であれば、名前空間を省略して呼び出すことができます

・\sample\ch05\DateTime

—名前空間を先頭から記述して呼び出すことができます

・\DateTime

—本来のPHPのDateTimeを使います。先頭のバックスラッシュは、デフォルトの名前空間（ルート空間）を意味します

5.4 名前空間はなぜ使われているのか？

名前空間には、クラスの衝突を避ける他にもメリットがあります。

・モジュール分割がやりやすくなる

・長いクラス名を付けることなく、クラスをカテゴライズして整理できる

・オートロードという仕組みとの相性が良い（オートロードの章で後述します）

名前空間の階層化は、自由に名前を切ることができます。しかしながら、実用上は実際のクラスファイルが置いてあるディレクトリーパスと合わせることを推奨します。

その理由は、「PSR-0」というコーディングガイドラインで推奨されていることに加えて、名前空間とファイルのパス構成が合っていると、後述するオートロードによるクラスの自動読み込みがやりやすくなるからです。

5.5 useによるショートカット

名前空間を含めたクラスの指定が長いと感じたら、ショートカットを定義することができます。「as」を指定すると、別名によるショートカットも可能です。

ただし、省略してしまうと反対に分かりづらくなってしまうこともあるので、筆者は「use」を多用しません。

リスト5.3: useによるショートカット

```
namespace sample\ch05;

final class DateTime {
    public function example()
    {
        return "My DateTime Class";
    }
}
/**
 * エイリアスを定義することでショートカットできます
```

```
 * サンプルの都合上、変な位置でuseしていますが、
 * 実際はファイルの上で書くことが多いです
 */
use \sample\ch05\DateTime as Dtm;

$datetime = new Dtm();
echo $datetime->example().PHP_EOL;
```

5.5.1 （PHP7.0）use宣言のグループ化

PHP7では、同じ名前空間から複数のクラス（や関数そして定数）をインポートする際にuseをまとめて定義できるようになりました。

リスト5.4:

```
use some\namespace\{ClassA, ClassB, ClassC as C};
```

5.6 関数や定数の名前空間

関数や定数も、同じく名前空間化することができます。

リスト5.5: 関数や定数の名前空間

```
namespace sample\ch05;

// 名前空間の下で関数を定義する
function sampleFunction()
{
    echo 'Sample function!'.PHP_EOL;
}

// 名前空間の下で定数を定義する
// constはクラスの中で定義するのが普通なので、推奨する書き方ではありません
const SAMPLE_DEFINE = 'Sample const!'.PHP_EOL;

// 関数の名前空間経由での呼び出し
\sample\ch05\sampleFunction();

// 定数の名前空間経由での呼び出し
echo \sample\ch05\SAMPLE_DEFINE;
```

5.6.1 関数や定数はクラスの中で定義しよう

これは筆者の個人的な意見ですが、関数や定数は、クラスを作ってクラス内に定義することを推奨します。「関数や定数も、名前空間化できる」くらいに知っておくだけで十分かと思います。

第6章 （PHP5.3）オートロード

オートロードは、クラスや関数を自動読み込みするための仕組みです。

Composerに付属しているオートロードを使っている方は多いと思いますが、今回は自作のオートロードで解説します。

6.1 オートロードの基本形

オートロードはPHP5.1の頃から存在していましたが、PHP5.3で名前空間に対応したことでより実用的になりました。

次にオートロードの基本的な利用例を掲載します。

リスト6.1:

```
// まだ読み込まれていないクラスや関数を使おうとした時に、
// 実行される関数を登録する
spl_autoload_register(function ($classname) {
    echo '新しく読み込みます: '.$classname.PHP_EOL;
    $ds = DIRECTORY_SEPARATOR;

    // クラスの名前空間を含めたパスと、実際のファイルパスをマッピングします
    $autoloadConfig = [
        'sample\ch06\WelcomeAutoload' =>
            __DIR__.$ds.'WelcomeAutoload.php'
    ];

    // クラスが定義されているPHPファイルを読み込みます
    // include()により、クラスが使えるようになります
    if (isset($autoloadConfig[$classname])) {
        include($autoloadConfig[$classname]);
    }
});

/** 初回の呼び出しだけ、クラスの読み込みが走っていることが分かります **/

// 新しく読み込みます: sample\ch06\WelcomeAutoload
// Welcome to autoload!
$sample = new \sample\ch06\WelcomeAutoload();
$sample->welcome();
```

```
// Welcome to autoload!
$sample2 = new \sample\ch06\WelcomeAutoload();
$sample2->welcome();
```

6.1.1 オートロードの実行の流れ

初めて「\sample\ch06\WelcomeAutoload」を使おうとした時点では、まだクラスはロードされていない状態です。

オートロードを書かずに実行すると「Fatal error: Uncaught Error: Class 'sample\ch06\WelcomeAutoload' not found」というエラーになります。

そこで、spl_autoload_register()に関数を登録します。それによって、PHPはクラスの自動読み込みに挑戦するようになります。

リスト6.2: オートロードによる自動読み込み関数の登録

```
spl_autoload_register(function ($classname) {
    echo '新しく読み込みます: '.$classname.PHP_EOL;
    $ds = DIRECTORY_SEPARATOR;

    // クラスの名前空間を含めた住所と、実際のファイルをマッピングします
    $autoloadConfig = [
        'sample\ch06\WelcomeAutoload' =>
            __DIR__.$ds.'WelcomeAutoload.php'
    ];

    // クラスが定義されているPHPファイルを読み込みます
    // これで使えるようにします
    if (isset($autoloadConfig[$classname])) {
        include($autoloadConfig[$classname]);
    }
});
```

spl_autoload_register()には、名前空間を含めたクラスのパスが渡ってきます。$classnameを活用し、適切に必要なPHPファイルを読み込むことで、クラスを自動で読み込むオートロードの完成です。詳しい解説は、公式マニュアルをご参照ください。

PHPマニュアルより

言語リファレンス > クラスとオブジェクト > クラスのオートローディング

http://php.net/manual/ja/language.oop5.autoload.php

6.2 オートロードの自動化

オートロードを発展させると、クラスと実ファイルのマッピング設定を書かなくても自動化することができます。

リスト6.3:

```
spl_autoload_register(function ($classname) {
    $ds = DIRECTORY_SEPARATOR;
    // サンプルでは、2階層上がプロジェクト直下です
    $pjRootPath = realpath(__DIR__.$ds.'..'.$ds.'..');

    // sample\ch06\WelcomeAutoloadを分解してパスを組み立てます
    $loadClassFile = realpath($pjRootPath.$ds
        .implode($ds, explode('\\', $classname)).'.php');
    if (!$loadClassFile) {
        return;
    }

    // 新しく読み込みます: [省略]/sample/ch06/WelcomeAutoload.php
    echo '新しく読み込みます: '.$loadClassFile.PHP_EOL;

    // プロジェクト直下から辿ると、全てのPHPファイルが対象になってしまう
    // 今回の自動読み込みはサンプル下だけに限定しておきます
    $samplePath = $pjRootPath.$ds.'sample';
    // サンプル下にあるファイルを読み込もうとしていれば0になるはず
    if (strpos($loadClassFile, $samplePath) !== 0) {
        return;
    }

    include($loadClassFile);
});

// Welcome to autoload!
$sample = new \sample\ch06\WelcomeAutoload();
$sample->welcome();
```

前章で登場した名前空間が活躍しています。名前空間と実際のクラスファイルのパスが連携していれば、自動で読み込む必要があるファイルを探索することができます。

注意点として、今回のようなプロジェクト直下から辿るオートロードの場合に想定外のファイルまでオートロードされてしまう危険性があります。特定のディレクトリーだけオートロードを許可するといった制限を設けておくことを推奨します。

オートロードは難しくない

オートロードは、Composerやフレームワークによって提供されていることも多いのですが、このように成り立っています。

私たちはオートロードの効果によって、自然にさまざまなクラスを呼び出せる恩恵を受けているのです。

6.3 require_once()との違い

従来のPHPでは、ファイルの先頭や必要なクラスを利用する直前でrequire_once()を実行する習慣がありました。オートロードが優れている背景には、いくつかの理由があります。

・各ファイルでrequire_once()を書く必要がなく、クラス読み込みの処理を1ヶ所に集約できる

・必要になるまで読み込みをしない遅延実行だから、処理に無駄がない

・require_once()は、実は何度も呼ぶとオーバーヘッドが高い

クラス（や関数）の読み込みを自動化することによる最大限の効率化が、オートロードのメリットです。よほどの理由がない限りは、各ファイルでrequire_once()を書くよりもオートロードを使うことを推奨します。

なお、今回はサンプルのためにオートロードを直接書きましたが、実際にはフレームワークの基板（上流）側で定義され、共通的に使い回せる構成になっています。

第7章　外部ライブラリーの活用

PHPの外部ライブラリーは、筆者が知っている限り大きく分けて3種類です。

・PECL（PHP Extension Community Library）

・PEAR（PHP Extension and Application Repository）

・Composer + Packagist

この中で、主に使われているのはPECLとComposerです。PEARは最近使われておらず、ユニットテストで有名なPHPUnitもPEARからComposerに移行しています。

なお、PHPのコンパイルオプションでライブラリーを有効化する場合もあります。ただしこれは、内部ライブラリーを有効にしてPHPを拡張するようなイメージです。

7.1　PECLによるモジュールのインストール

PECLでインストールするライブラリーは、PHPを拡張するライブラリーです。そのため、php.iniに拡張設定を記述する必要があります。

リスト7.1: php.iniで、インストールしたpecl-redisを有効化する

```
extension=redis.so
```

・PECL::The PHP Extension Community Library
　―https://pecl.php.net/

PECLライブラリーの特徴は、何と言ってもC言語を使用していることです。PHPの言語レベルで拡張が行われています。

・（メリット）言語レベルの拡張であるため、インストールしたモジュールはパフォーマンスがとても高い

・（デメリット）言語レベルの拡張であるため、PHPのバージョンアップで不整合が起きる可能性がある

PECLライブラリーのインストールには、PECLコマンドのインストールが必要です。なお、公式のDocker（php:7.2.9-apacheなど）には、すでにpeclコマンドが入っています。

リスト7.2: 試しに「PECL::Package::redis」をインストールしてみる

```
$ pecl install redis

> Build process completed successfully
> Installing
'/usr/local/lib/php/extensions/no-debug-non-zts-20170718/redis.so'
```

```
> install ok: channel://pecl.php.net/redis-4.1.1
> configuration option "php_ini" is not set to php.ini location
> You should add "extension=redis.so" to php.ini
```

PECL関連は、必要に迫られた時に覚えるくらいの感覚で問題ありません。本書では、細かい内容は割愛します。

7.2 PEARによるモジュールのインストール

PEARでインストールするライブラリーは、先ほどのPECLとは違い、純粋なPHPのライブラリーが中心になります。

・PEAR - PHP Extension and Application Repository
　―https://pear.php.net/

PEARライブラリーのインストールには、PEARコマンドのインストールが必要です。なお、公式のDocker（php:7.2.9-apacheなど）には、すでにpearコマンドが入っています。

ライブラリーの導入は、C言語を使った拡張ではないためPECLよりもお手軽です。

リスト7.3: 「XML_RPC2」をインストールしてみる

```
pear install XML_RPC2

> install ok: channel://pear.php.net/Cache_Lite-1.8.2
> install ok: channel://pear.php.net/Net_URL2-2.2.1
> install ok: channel://pear.php.net/HTTP_Request2-2.3.0
> install ok: channel://pear.php.net/XML_RPC2-1.1.4
```

インストールした「XML_RPC2」は「/usr/local/lib/php/XML/RPC2」に保存されています（PHPの公式Dockerの場合）。

require_once()で、必要なファイルを読み込むことによって利用します。

最近は主流ではないので、必要に迫られたら覚えるくらいの感覚で問題ありません。本書では、細かい内容は割愛します。

7.2.1 PECL/PEARコマンドのインストール

peclとpearはセットが多く、pearをインストールするとpeclも入っています。

・Debian: sudo apt-get install php-pear
・CentOS: sudo yum install php-pear

これらは、インストールするとpearとpeclが両方とも有効になります。

7.3 Composer + Packagist

PHPにおける外部ライブラリーのインストールでは、Composerがデファクトスタンダードになりつつあります。

Composerはパッケージインストーラーで、実際のライブラリー群はPackagistにあります。

- The PHP Package Repository
  —https://packagist.org/

Composerによるパッケージのインストールは、素直に公式の方法を参考にします。

7.3.1 パッケージインストーラーの導入

今回はComposerを使って、筆者がずっと気になっていた「半沢直樹」パッケージをインストールしてみることにします。倍返しだ！

- NaokiHanzawa is a famous character in Japan.
  —https://packagist.org/packages/tnnsst35/naokihanzawa

リスト7.4: まずはパッケージインストーラー（composer.phar）を導入する

```
$ cd /path/to/your/techbook-levelupphp-sample/sample/ch07/

# ディレクトリー直下に「composer.phar」ができます。これがComposerの本体です。
$ curl -sS https://getcomposer.org/installer | php

# もしくは、次のファイルをダウンロードしてディレクトリー直下に置きましょう。
# https://getcomposer.org/composer.phar
```

なお、本書のサンプル集にはすでに「composer.phar」が置いてあります。これを使えば良いので、インストールを省略していただいても構いません。

7.3.2 パッケージのインストール

パッケージインストーラーの導入が完了したら、早速パッケージをインストールしてみましょう。

リスト7.5:

```
# 今回は予め、サンプルプロジェクトのsample/ch07/の下にインストール用のjsonファイルを作っておきました。
$ cd /path/to/your/techbook-levelupphp-sample/sample/ch07/
$ cat composer.json
```

```
> {
>     "require": {
>         "tnnsst35/naokihanzawa": "1.0.0"
>     }
> }

# Composerによるパッケージのインストール
$ php composer.phar install

> Installing tnnsst35/naokihanzawa (1.0.0):
Cloning 0d9fa3e488 from cache
> Writing lock file
> Generating autoload files
```

なお、ライブラリーのインストールにはgitコマンドが必要です。次に概要を記載しますが、Googleで検索するとGitのインストール方法がたくさん見つかります。パッケージのインストールに失敗した場合は、適宜Gitを導入してください。

- 公式Docker（php:7.2.9-apacheなど）をお使いの方は、Dockerfileに次を追加します
  - RUN apt-get update && apt-get install -y git && apt-get clean
- macOSであれば、Homebrew経由でのインストールがもっともお手軽です
- その他の環境でも、適宜Gitのダウンロード、およびインストールをお願いします
  - https://git-scm.com/downloads

Composerによる実際のパッケージのインストールは「php composer.phar install」だけで完結します。お手軽です。

7.3.3 半沢直樹を使ってみよう

インストールされた半沢直樹は、「vendor/」の下にいます。vendorディレクトリーは、正確には「php composer.phar install」を実行した場所（composer.jsonがある場所）に作成されます。

早速使ってみましょう。

リスト7.6: php 01-naoki-hanzawa.php

```
/**
 * Composerでインストールしたライブラリーの利用
 * SEE: https://packagist.org/
 * require 'vendor/autoload.php';
 */

// オートロードによるインストールしたライブラリーの自動読み込み
require 'vendor/autoload.php';
```

```
// 2 * 倍返しだ！ = 4
echo "2 * 倍返しだ！ = ".NaokiHanzawa::baigaeshida(2).PHP_EOL;

// 倍返しだ！倍返しだ！
echo NaokiHanzawa::baigaeshida("倍返しだ！").PHP_EOL;
```

Composerがインストールしたライブラリーは、Composerが自動生成したオートローダー（vendor/autoload.php）によって利用可能になります。

オートローダーによって、NaokiHanzawaは自動的に読み込まれます。利用者は、クラスの読み込みを意識せず倍返しすることが出来ます。

7.4 Composerの構成と登場人物をおさらいする

Composerでは、主に5人の登場人物を知っておくと良いでしょう。

- composer.json: 必要な外部ライブラリーを、json形式で記載します。
- composer.lock: ライブラリーのバージョンを固定します。複数人による開発では重宝します。
- composer.phar: Composerの本体です。
- vendor/: Composerによって、自動的に作成されます。パッケージがインストールされます。
- vendor/autoload.php: Composerが自動生成します。インストールされたパッケージを使うためのオートローダーです。

7.4.1 どのファイルをgit管理すれば良いのか？

筆者は「composer.json / composer.lock / composer.phar」はGit管理下に置き、「vendor/」はgitignoreしています。

7.4.2 requireとrequire-devの違い

Composerに記載するパッケージは、大きく分けて「require」と「require-dev」があります。

- require: 開発環境でも本番環境でも使用するパッケージを書きます
- require-dev: 開発環境やテスト環境でのみ必要なパッケージを書きます

リスト7.7:

```
{
    "require": {
        "tnnsst35/naokihanzawa": "1.0.0"
    },
    "require-dev": {
        "mockery/mockery": "0.9.*",
        "phpunit/phpunit": "^5.*",
    }
```

```
}
```

モックやユニットテストのライブラリーは、本番環境では必要ありません。逆に、本番環境がモックで稼働していたら困ります。そのため、開発に限定してインストールします。

リスト7.8:

```
# helpを見ると説明が書いてあります
$ php composer.phar install --help

>  --no-dev Disables installation of require-dev packages.

# 開発用ライブラリーを除いたインストールの実行
$ php composer.phar install --no-dev
```

7.4.3 Composer本体の更新

「self-update」を付けると、Composerが最新版にアップデートされます。

リスト7.9:

```
$ php composer.phar self-update

> You are already using composer version 1.8.0 (stable channel).
```

半沢直樹の歴史は古い

Packagistにある半沢直樹の存在を知ったのは、2014年のことでした。ずっと気になっていて、書きたかったのです。

少し大げさな表現かもしれませんが、本書は半沢直樹の紹介とインストールがやりたいがために、誕生した本であるといっても過言ではありません。

本書は真面目な本ですが、少しはネタ感があったほうが楽しいので、気にせず掲載しました。パッケージ作者のtnnsst35さんに、深い感謝の意を申し上げます。

第8章　(PHP7) エラーと例外

PHP7では、PHP5のエラー報告のメカニズムが改良されています。大半のエラーを、Errorクラスの例外としてスローする仕組みになりました。

PHPマニュアルより

言語リファレンス ＞ エラー ＞ PHP7 でのエラー

http://php.net/manual/ja/language.errors.php7.php

大元に「Throwable」という基底インターフェイスがあり、それを実装した「Error」と「Exception」がそれぞれエラーと例外を担当しています。

8.1　エラー例外 (\Error)

エラークラスの種類は、多くありません。

- Error: エラー系例外の基底となるクラス
- ArithmeticError: 数学的な操作で発生します。マイナスのビットシフトなど
- DivisionByZeroError: 数値をゼロで割ろうとした
- AssertionError: assert()によるアサーションが失敗した
- ParseError: eval()を呼んだときなど、PHPコードのパースに失敗した
- TypeError
  —関数に渡された引数の型が、関数宣言の型と一致しない
  —関数の戻り値の型が、関数宣言の型と一致しない
  —(strictモードのみ) PHPの組み込みの関数に渡す引数の数を間違えた
- ArgumentCountError: ユーザー定義関数やメソッドに渡す引数が少ない

なお、こういったエラー例外がスローされるケースは、基本的に想定外であることが多いです。

リスト8.1: エラー例外

```
try {
    // 0での割り算でエラー例外が起きる例
    $result = 5 % 0;
} catch (\Error $e) {
    // DivisionByZeroError
    echo get_class($e).PHP_EOL;
    // Modulo by zero
```

```
    echo $e->getMessage().PHP_EOL;
}

try {
    // Warning: Division by zero
    $result = 5 / 0;
    // Result is INF(無限を意味する定数です)
    echo 'Result is '.$result.PHP_EOL;
} catch (\Error $e) {
    // ここには来ない
    // DivisionByZeroErrorは、0で割れば必ず発生するわけではありません
    // 主に余りの計算(%)で発生します
}
```

8.2 ユーザー例外（\Exception）

ユーザー例外は、例外の基底クラス（\Exception）を継承して実装します。

リスト8.2: ユーザー例外(\Exception)

```
final class SampleException extends \Exception {}

try {
    if (1 !== 0) {
        throw new SampleException('1 is not 0.');
    }
} catch (\SampleException $e) {
    // 1 is not 0.
    echo $e->getMessage().PHP_EOL;
}
```

8.3 SPL（Standard PHP Library）例外

大元の例外の基底クラス（\Exception）の他にも、SPL（Standard PHP Library）例外があります。

> PHPマニュアルより
>
> 関数リファレンス > その他の基本モジュール > SPL > 例外
>
> http://php.net/manual/ja/spl.exceptions.php

SPL例外は、「標準で用意されている、スタンダードな例外クラス集」程度に理解してもらえれば十分です。

・Standard PHP Libraryの例外クラスを活用しよう！ - アシアルブログ
　―http://blog.asial.co.jp/1128

発生したエラーの種類によって、適切に使い分けるために用意されているのが標準例外だと思うのですが、筆者はそこまで活用できていません。使い所が難しい例外も多いことが、扱いづらさの原因かもしれません。

・BadFunctionCallException
　―未定義の関数をコールバックが参照したり、引数を指定しなかった
・BadMethodCallException
　―未定義のメソッドをコールバックが参照したり、引数を指定しなかった
・DomainException
　―定義したデータドメインに値が従わない
・InvalidArgumentException
　―引数の型が期待する型と一致しなかった
・LengthException
　―長さが無効である
・LogicException
　―プログラムのロジック内でのエラーを表す
・OutOfBoundsException
　―値が有効なキーでなかった
・OutOfRangeException
　―無効なインデックスを要求した
・OverflowException
　―いっぱいになっているコンテナに要素を追加した
・RangeException
　―プログラムの実行時に範囲エラーが発生した
・RuntimeException
　―実行時にだけ発生するようなエラー
・UnderflowException
　―空のコンテナ上で無効な操作（要素の削除など）を試みた
・UnexpectedValueException
　―いくつかの値セットに一致しない値があった

8.4 （PHP5.5）try〜catchのfinallyブロック

PHP5.5から、try〜catchにfinallyブロックを記述できるようになりました。

リスト8.3: try〜catch〜finally

```
class RandomException extends \Exception {}

function writeFile($file) {
    $fp = null;
    try {
        $fp = fopen($file, 'w');
        if (rand(0, 1) > 0.5) {
            throw new \RandomException('ランダムに失敗しました');
        } else {
            throw new \Exception('処理が失敗しました');
        }
    } catch (RandomException $e) {
        echo $e->getMessage().PHP_EOL; // ランダムに失敗しました
    } catch (Exception $e) {
        echo $e->getMessage().PHP_EOL; // 処理が失敗しました
    } finally {
        // どの経路を辿っても、必ず最後には実行したい処理を記述
        if (is_resource($fp)) {
            echo 'ファイルポインタを閉じます'.PHP_EOL;
            fclose($fp);
        }
    }
}

// ランダムに失敗しました
// ファイルポインタを閉じます
writeFile('./test.txt');
unlink('./test.txt');
```

なお、サンプルの例では「try〜catchを抜けた後のコードで、普通にファイルポインタを閉じれば良いだけなのでは？」という疑問が生まれると思います。

実際その通りなのですが、try〜catch〜finallyを使用することの利点は、ファイルのオープンからクローズまでの一連の流れをtry〜catchのブロックに集約できる点にあります。ブロック内で処理が完結されるため、プログラムがわかりやすくなるメリットがあります。

8.5 例外ハンドラとシャットダウンハンドラ

例外をtry/catchでキャッチしなかった場合、プログラムは例外ハンドラを呼び出した後に、実行を停止します。

ここで呼び出される例外ハンドラを定義するのが、set_exception_handler()です。

リスト8.4: 例外ハンドラ

```
// 関数を定義した場合
function exception_handler($e) {
    echo 'Uncaught exception: ' , get_class($e),
        " : ", $e->getMessage(), PHP_EOL;
}
set_exception_handler('exception_handler');

// 無名関数を使った場合
set_exception_handler(function ($e) {
    echo 'Uncaught exception: ' , get_class($e),
        " : ", $e->getMessage(), PHP_EOL;
});

/**
 * シャットダウンハンドラ (プログラムが終了する前に呼ばれます)
 */
register_shutdown_function(function () {
    echo 'Program is shutting down.'.PHP_EOL;
});

// 例外を発生させてみる
// Uncaught exception: DivisionByZeroError : Modulo by zero
// Program is shutting down.
0 % 0;
```

8.6 エラーハンドラ

エラーハンドラは、set_error_handler()で登録します。ここで言うエラーとは、PHPの言語自身が出す言語レベルに近いエラーのことです。そこが通常の例外との違いです。

リスト8.5: エラーハンドラ

```
ini_set('display_errors', 1);
// 全てのエラーが欲しい
error_reporting(E_ALL);
```

```
// 未定義の定数を使用すると、NOTICEレベルの例外が発生する
// Notice: Use of undefined constant ABCDE - assumed 'ABCDE'
ABCDE;

// エラーハンドラの登録(NOTICEレベルの例外も受信します)
set_error_handler(function ($errno, $errstr, $errfile, $errline) {
    echo 'errhandler: ', $errno, ' : ', $errstr, PHP_EOL;
});

// 再び未定義の定数を使用してみると、エラーハンドラが捕捉していることがわかる
// errhandler: 8 : Use of undefined constant ABCDE - assumed 'ABCDE'
ABCDE;
```

set_error_handler()は、PHP5の頃によく使われていた関数です。エラーを例外に変換したりして活用します。

・扱いづらいPHPのエラー処理を適当にいなす
　―https://uzulla.hateblo.jp/entry/2013/12/20/041619

なお、PHP7ではエラーが発生したらError例外が飛ぶようになりました。そのため、tyr/catchで補足する方法も主流だと思います。

8.7 例外の追跡にも役立つバックトレースの生成

debug_backtrace()を使うと、呼び出し元の関数の情報などを追跡(トレース)して出力することができます。
主に開発用の関数ですが、エラーや例外の発生時に、debug_backtrace()の内容をエラーログ出力に含める使い方もあります。

PHPマニュアルより

関数リファレンス ＞ PHPの振る舞いの変更 ＞ エラー処理 ＞ エラー処理関数 ＞ バックトレースを生成する

http://php.net/manual/ja/function.debug-backtrace.php

「debug_backtrace()で取得した結果を混ぜ込むログ出力ヘルパー」の事例がありますので紹介します。

・CodeIgniter 3.xのログ出力をもっと便利にする

—https://www.sodo-shed.com/archives/12197

8.8 （PHP7.0）assertによる簡易テスト

PHP7におけるassertの進化については、インフィニットループ様の記事がわかりやすいです。

・PHP7のassertによる簡易テストはいいぞ。 - インフィニットループ
　—https://www.infiniteloop.co.jp/blog/2016/12/php-assertion-expectation/

簡単な例として、配列の型宣言を補う使い方を紹介します。PHPの配列の型宣言が、あまり役に立たない弱点を補います。

リスト8.6:

```
// assertに失敗したら例外をスローする
ini_set('assert.exception', 1);

// 配列内に前提とする要素名があることを表明する
// PHPの配列の型宣言が、あまり役に立たない弱点を補う
function assertArray(array $array) {
    assert(array_key_exists('c', $array));
    echo 'Assert pass!'.PHP_EOL;
}

// Assert pass!
assertArray([
    "c" => 3,
]);

// Fatal error: Uncaught AssertionError:
// assert(array_key_exists('c', $array))
assertArray([
    "a" => 1,
    "b" => 2,
]);
```

8.8.1 assertは前提条件の表明である

assertはプログラミングにおける概念のひとつで、そのプログラムの前提条件を示すのに使われます。

リスト8.7: assertArrayは、配列の要素に「c」があることを前提条件にしている

```
function assertArray(array $array) {
    assert(array_key_exists('c', $array));
    echo 'Assert pass!'.PHP_EOL;
}
```

言うなれば、想定どおりにプログラミングしていれば起こりえないことを記述するのがassertです。もしassertに引っかかったら、それはプログラムのバグとみなし、致命的なエラーで処理を終了させます。

assertの場合、通常のユニットテストとは異なり、実装コード上に記載されます。そのため、assertが書いてある関数であれば、関数を見れば前提条件がわかります。

注意点として、副作用のある処理（なんらかの状態変更が伴う動作）を書かないように気をつけてください。また、ユーザー入力値のチェック（氏名が3文字以上）などの想定として起こり得るケースをassertで書いてはなりません。

先ほど紹介したインフィニットループ様の記事にはわかりやすい解説がありますので、ぜひご参照ください。

8.8.2 設定による動作の切り替え

php.iniやini_set()により、assertの動作を切り替えることが可能です。assertの基本文法は次の通りです。

リスト8.8: http://php.net/manual/ja/function.assert.php

```
bool assert ( mixed $assertion [, Throwable $exception ] )
```

なお、デフォルトではPHP5との互換性を重視した挙動になっていますが、アサーションに失敗したら例外をスローしたほうが良いでしょう。assert()の失敗は明らかに異常事態なので、例外をスローして処理を止めてしまったほうが、被害の拡大を防ぐことができます。

zend.assertions

- 1（デフォルト）：コードを生成して実行する（開発モード）
- 0: コードを生成するが、実行時には読み飛ばす
- -1: コードを生成しない（運用モード）

assert.exception

- 1: アサーションに失敗した場合には、exceptionで指定したオブジェクトをスローするか、exceptionを指定していない場合はAssertionErrorオブジェクトをスローします。
- 0（デフォルト）：先述のThrowableを使ったり生成したりしますが、そのオブジェクト上で警告を生成するだけであり、スローしません（PHP 5と互換性のある挙動です）。

第9章　アーキテクチャー

現在は、フロントエンドJSの世界を中心に、さまざまなアーキテクチャーが活用されています。

・Flux、Redux、Vuex

・MobX

・クリーンアーキテクチャー

・…

とくにSPA（Single Page Application）では、JS側で保持するデータ量も多く、構成も複雑になりがちです。そのため、複雑化を解消するために新たなアーキテクチャーが提唱され、また普及しています。

9.1　サーバーサイドのアーキテクチャー

もちろん、サーバーサイドにもアーキテクチャーはあります。もっとも代表的なアーキテクチャーが、MVC（Model View Controller）です。

9.1.1　MVC（Model View Controller）

Model

モデルはデータ層です。アプリケーションが扱うデータを取り扱います。Webアプリケーションでは、データベースやファイル、セッション、クッキーなどが該当します。

View

Viewは出力層です。HTMLや画像などを駆使して、Modelが生成したデータを最終的にユーザーに表示します。フロントエンドJS風に言うと、レンダリングに相当します。

また、ユーザーからの入力を受け付けて、コントローラーへと渡す役割もあります。

Controller

コントローラーは、キャプテンや監督、司令塔の役割を果たします。

ビューから受け取った入力パラメータをモデルに渡したり、ビューが表示しやすいように、モデルから受け取った値を加工することもあります。

ビューやモデルを活用して、全体を制御するのがコントローラーの役割です。

図9.1: MVCの構成図

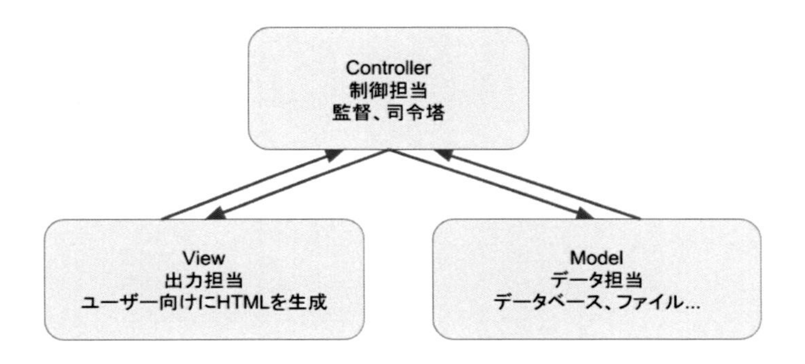

9.1.2 MVCの問題点

サーバーサイドのWebアプリケーションでは、長らくMVC構成がスタンダードとされてきました。しかし、Webアプリケーションの大規模化によりMVCでは管理しきれない時代が訪れつつあります。そこで、現在はさまざまなアーキテクチャーが提唱されています。

MVCの問題点は、Model（またはController）が肥大化しやすいことです。問題がすぐに表面化することはありませんが、時を経て機能拡張されていくと徐々に問題が大きくなっていきます。

9.2 レイヤー追加系アーキテクチャー

MVCは3層構造ですが、問題点をレイヤーの少なさと捉えてレイヤーを追加し、解決しようとするアーキテクチャーです。

なお、「レイヤー追加系アーキテクチャー」という言葉の定義は、あくまで筆者の造語です。あらかじめご了承ください。

9.2.1 FuelPHPのMVCP

FuelPHPには、Presenterという層があります。プレゼンタは、コントローラーからビュー向けの値の生成ロジックを切り離し、コントローラーの負担を軽減します。

- プレゼンタ: FuelPHPドキュメント
  —http://fuelphp.jp/docs/1.9/general/presenters.html

プレゼンタは、コントローラーとビューの間に入る層です。

9.2.2 レイヤードアーキテクチャー

レイヤードアーキテクチャーは、Masashi Shinbara（@shin1x1）さんの記事で知りました。

・レイヤードアーキテクチャーを意識したPHPアプリケーションの構築
　—http://www.1x1.jp/blog/2015/06/layerd-architecture-php-application.html

レイヤードアーキテクチャーの特徴は、コントローラーとモデルの間に位置するサービスレイヤーです。ビジネスロジックや、バリデーションなどを担当します。

サービスレイヤーは、コントローラーとモデルの間に入るため、双方の肥大化の抑制に効果があります。内容に共感したので、実際にプロジェクトで採用しました。現在筆者は、レイヤードアーキテクチャーを使って開発しています。

9.2.3　MVCの間にレイヤーを足すという選択肢

このように、MVCの間にレイヤーを足すことで欠点を克服しようとするアプローチを、レイヤー追加系アーキテクチャーと呼んでいます。

レイヤーの足し方は、ビジネス要件やプロジェクトによってさまざまですが、工夫の余地があります。まだ見ぬ新たなレイヤーが、意外なところに眠っているかもしれません。

9.2.4　レイヤー追加系アーキテクチャーまとめ

・View：表示レイヤー
・Presenter：Viewに必要なデータを生成するレイヤー（FuelPHP）
・Controller：制御レイヤー・監督、司令塔
・Service：ビジネスロジック・バリデーション等（レイヤードアーキテクチャー）
・Model：データレイヤー・DB、ファイル、セッションなど

ちなみに、まずは基本であるMVCを知ることをオススメします。レイヤーを追加するアーキテクチャーの多くは、MVCの派生系です。

9.3　アーキテクチャーはフレームワークで学ぼう

アーキテクチャーはややこしいので、座学だけで理解することは困難です。習得の近道は、実際にアーキテクチャーを使って開発してみることです。大きくわけて、ふたつの選択肢があります。

・ウェブアプリケーションフレームワーク（WAF）を使って開発してみる
・自分でフレームワークを作ってみる

実際の開発現場におけるアーキテクチャーは、フレームワークの上で、どのような方針で開発するのかという道しるべの役割を果たします。そのため、フレームワークが推奨しているアーキテクチャーを使って開発してみるのが、もっともお手軽な入門方法です。

9.3.1　Laravelを使って開発してみる

Laravelは、PHPのウェブアプリケーションフレームワーク（WAF）です。

・Laravel - ウェブ職人のためのPHPフレームワーク

—http://laravel.jp/

フレームワークではもっとも有名なRuby on Railsを凌ぐ勢いで人気が加速しています。今からPHPのフレームワークを勉強する場合、Laravelを選択しておけば間違いないでしょう。

さて、そんなLaravelですが、独自のアーキテクチャーを持っています。「オールアバウトTech Blog」さんの記事が、とても興味深くてオススメです。

・バーガーショップで例えるオールアバウトでのLaravelアーキテクチャー
—https://allabout-tech.hatenablog.com/entry/2016/11/29/100000

なんと、Laravelのアーキテクチャーをバーガーショップで解説しています。

・Route: 入店 / ドライブスルー
・Request: 注文
・Controller: カウンタースタッフ
・Service: 棚
・Repository: 置くスタッフ
・Factory: 作るスタッフ
・Model: ハンバーガー
・View: トレイ・紙袋

記事を読むだけで理解するのはさすがに難しいですが、実際にLaravelで開発しながらアーキテクチャーへの理解を深めたい時に役立ちます。

9.3.2　パーフェクトPHPでフレームワークを自作する

パーフェクトPHPは、内容が古い（PHP5.3系）という欠点こそあるものの、フレームワークからセキュリティーにいたるまで、幅広いPHPの知識を網羅した本です。

・パーフェクトPHP（小川 雄大、柄沢 聡太郎、橋口 誠著／技術評論社刊）
—http://gihyo.jp/book/2010/978-4-7741-4437-5

なんとパーフェクトPHPの執筆には、メルカリのCTOを歴任した柄沢聡太郎氏も参画しています。メルカリのバックエンドにはPHPが採用されており、最近開催された「PHPカンファレンス2018」でも、スペシャルスポンサーとして参加しています。

さて、そんなパーフェクトPHPですが、次の3つの章を通じて自作フレームワークを開発することができます。

・第6章 Webアプリケーション入門
・第7章 フレームワークによる効率的な開発
・第8章 ミニブログアプリケーション開発

フレームワークの自作とミニブログの開発を通じて、フレームワークという土台、およびその上に位置するアーキテクチャーへの理解を深めていきます。

9.3.3 フレームワークに依存することのデメリット

フレームワーク（WAF）のアーキテクチャーに依存しすぎると、WAFのバージョンアップに弱くなるという欠点があります。フレームワークの使い方や、インターフェース（API）の仕様変更により、その上に載るアプリケーションでエラーが発生する可能性があるのです。

フレームワークを使った開発は、デファクトスタンダードになりつつあります。ただ、世の中を色々みていると、WAFのバージョンアップに苦労しているサービスは意外と多いです。

フレームワークも完璧ではないことだけは、認識しておきましょう。

> **独立したコアレイヤパターン**
>
> 新原雅司さんの独立したコアレイヤパターンは、フレームワークに依存することの問題を解消するためのアーキテクチャーのひとつです。
>
> ・独立したコアレイヤパターン
> —https://blog.shin1x1.com/entry/independent-core-layer-pattern
>
> 次のようなモチベーションのもとに考案されており、PHPカンファレンス2018の発表でも話題になりました。
>
> ・技術詳細からの独立
> ・フレームワーク、サードパーティライブラリーからの独立
> ・サービスレイヤからの独立
> ・コアレイヤからの独立
> ・シンプルなルール
>
> ・独立したコアレイヤパターンによるPHPアプリケーションの実装
> —https://speakerdeck.com/shin1x1/phpcon2018-independent-core-layer-pattern

9.4 マイクロサービスアーキテクチャー

マイクロサービスアーキテクチャーは、プロダクトそのものを細かく分割するアーキテクチャーです。レイヤードアーキテクチャーが横にレイヤー分けするアーキテクチャーなら、マイクロサービスアーキテクチャーはプロダクトそのものを縦割りすることで肥大化を防ぎます。

・レイヤードアーキテクチャー（プロダクトをレイヤーで分ける）
　—Model
　—Service
　—Controller
　—View
・マイクロサービスアーキテクチャー（プロダクトそのものを縦割りする）
　—マイクロサービスA
　—マイクロサービスB

—マイクロサービスC

小さなマイクロサービスを組み合わせて、最終的に大きなシステムを実現するのがマイクロサービスアーキテクチャーの真髄です。パーフェクトPHPでも取り上げたメルカリ社は、マイクロサービスへの移行を着々と進めています。その他にも、マイクロサービスの利用例としてLINEやクックパッド社が有名です。

・マイクロサービスチーム編成のベストプラクティスとメルカリでの構想
—https://tech.mercari.com/entry/2018/12/01/200159

・クックパッド基幹システムのmicroservices化戦略
—https://techlife.cookpad.com/entry/2018-odaiba-strategy

ただし、マイクロサービスアーキテクチャーにも弱点があります。管理するサービスやサーバーの台数が増えやすいので、一般的にインフラエンジニアの負担が増えます。また、サービス間のデータ連係がとても重要です。

アプリケーションは分割されることでシンプルになりますが、サーバーの台数が増えることでインフラは複雑化します。このため、インフラエンジニアの強い会社でオススメする構成です。

第10章　PSRコーディングガイドライン

PHPには、さまざまなコーディング規約があります。その中でもっとも有名なのがPSRコーディング規約です。コーディング規約には、PHPの書き方のルール（作法）が規定されています。

一般的には、特定のフレームワークを使っている場合はそのフレームワークのルール（書き方・作法）に従うのが良いでしょう。特に決められたルールがなかったり、自作のフレームワークであればPSRがオススメです。

ただし、PSRはあくまでコーディングガイドラインであり、絶対に守らなければならない決まりごとではありません。

10.1　PSRの全体像

PSRは種類が多く、たくさんのガイドラインがあります。「0～18」まであるのですが、すべてを覚える必要はありません。中には、未採択やドラフト版の規約もあります。

・PSRの一覧
　―https://www.php-fig.org/psr/

本書では、主要な規約に絞って紹介します。

10.2　PSR-0 オートローディング規約

「PSR-0,1,2」については、インフィニットループ様が素晴らしい日本語訳を公開してくださっています。

・PSR-0 – オートローディング規約　- インフィニットループ
　―http://www.infiniteloop.co.jp/docs/psr/psr-0.html

PSR-0に関しては、実例を参考にしたほうが理解が早まりますので、参考例を掲載します。

参考例1

```
\Symfony\Core\Request
=> /path/to/project/lib/vendor/Symfony/Core/Request.php
```

参考例2

```
\Zend\Mail\Message
```

=> /path/to/project/lib/vendor/Zend/Mail/Message.php

10.2.1　PSR0をざっくり理解する

参考例を見ると分かりますが、基本的には「vendor/」の下のファイルパスと、名前空間を含めたクラス名が一致しています。

筆者の場合は、ざっくり**名前空間とクラスパスを合わせる規約である**と理解しています。

10.3　PSR-1 基本コーディング規約

「PSR-1」は、もっとも基本的なコーディング規約です。

- PSR-1 基本コーディング規約 - インフィニットループ
  —http://www.infiniteloop.co.jp/docs/psr/psr-1-basic-coding-standard.html

10.3.1　PSR-1の概要

- PHPコードは「<?php」及び「<?=」タグを使用しなければなりません。
- 文字コードはUTF-8（BOM無し）を使用しなければなりません。
- シンボル（クラス、関数、定数など）を宣言するためのファイルと、副作用のある処理（出力の生成、ini設定の変更など）を行うためのファイルは、分けるべきです。
- 名前空間、クラスについてはPSR-0に準拠しなければなりません。
- クラス名は、StudlyCaps（単語の先頭文字を大文字で表記する記法）記法で定義しなければなりません。
- クラス定数は全て大文字とし、区切り文字にはアンダースコアを用いて定義しなければなりません。
- メソッド名はcamelCase記法で定義しなければなりません。

ページ数の都合上、続きは和訳記事をご参照ください

概要のひとつに「シンボルを宣言するためのファイルと、副作用のある処理を行うファイルは、分けるべきです」とありますが、このガイドラインを破りたくなるときがあります。

たとえば、特定のtry〜catch処理のためだけに必要な使い捨て例外クラスの定義まで別ファイルで定義するのは面倒です。

リスト10.1: クラス宣言のシンボルと、インラインのプログラムが同居している

```
// クラス宣言はシンボルに該当するので、本来は別ファイルにしなければならない
final class SampleException extends \Exception
{
}

// 副作用のある処理
```

```
try {
    if (/* 条件 */) {
        throw new SampleException();
    }
} catch(SampleException $e) {
}
```

PSR-1を採用するのであれば、もちろん準拠することが望ましいです。しかし、使い捨て例外を定義する度に別ファイルを作る必要があるのは非効率です。

悩ましいところですが、筆者はPSRは絶対的な決まりごとではなく多少の例外パターンを許容しながら適用するのが良い、という結論にいたりました。

10.4 PSR-2 コーディングスタイルガイド

PSR-2は、基本的なコーディングスタイルのルールです。

- PSR-2 コーディングガイド - インフィニットループ
  —http://www.infiniteloop.co.jp/docs/psr/psr-2-coding-style-guide.html

PSR-2には、インデント、クラス、メソッド、引数、if、switch、while、forをはじめ、基本的な構文についてのルールが含まれています。

PSR-2を採用すると、次のExamplesのような書き方になります。

リスト10.2: PSR-2を採用した例（Examples）

```
<?php
namespace Vendor\Package;

use FooInterface;
use BarClass as Bar;
use OtherVendor\OtherPackage\BazClass;

class Foo extends Bar implements FooInterface
{
    public function sampleMethod($a, $b = null)
    {
        if ($a === $b) {
            bar();
        } elseif ($a > $b) {
            $foo->bar($arg1);
        } else {
```

```
            BazClass::bar($arg2, $arg3);
        }
    }

    final public static function bar()
    {
        // method body
    }
}
```

「PSR-0,1,2」までが、基本的なコーディング規約です。とくに「PSR-2」がもっとも重要で、細部の書き方まで定義してあります。

なお、筆者は「PSR-2」を少し緩和して採用しています。たとえば、「行の長さのソフトリミットは120文字を上限とします。自動スタイルチェッカーはソフトリミットで警告しなければなりませんが、エラーを出してはいけません」とありますが、意外と120文字に到達してしまうことが多いので、緩和しました。

「PSR-2」では、ifやforの開き括弧({)は同じ行に書きますが、functionやclass定義の開き括弧({)は次の行に書くという違いに注意してください。

10.5 PSR-3 Logger Interface

PSRでもっとも基本となるのは「0,1,2」ですが、その他のPSRで抑えておいたほうが良いのは、PSR-3 Logger Interfaceです。

- PSR-3 Logger Interface
  —https://www.php-fig.org/psr/psr-3/
- PSR-3 Logger Interface (RitoLaboさんの和訳記事)
  —https://www.ritolab.com/entry/95

ロガーとは、ログに記録を残すライブラリーやプログラムのことです。和訳記事には「PSR-3では、PHPにおけるロギングライブラリーの共通インタフェースについて定義されています」と、あります。

一般的なWebシステムでは、何か重要な出来事やイベントが発生した場合、ログに記録を残します。ログにはレベルという考え方があるのですが、これはエラーの深刻度のことです。

「PSR-3」が要求するロガーインターフェースの例を、次に掲載します。

リスト10.3: Psr\Log\LoggerInterface

```php
<?php
namespace Psr\Log;

interface LoggerInterface
{
    /**
     * System is unusable.
     */
    public function emergency($message, array $context = array());

    /**
     * Action must be taken immediately.
     * Example: Entire website down, database unavailable, etc.
     * This should trigger the SMS alerts and wake you up.
     */
    public function alert($message, array $context = array());

    /**
     * Critical conditions.
     * Example: Application component unavailable,
     * unexpected exception.
     */
    public function critical($message, array $context = array());

    /**
     * Runtime errors that do not require immediate action
     * but should typically
     * be logged and monitored.
     */
    public function error($message, array $context = array());

    /**
     * Exceptional occurrences that are not errors.
     * Example: Use of deprecated APIs, poor use of an API,
     * undesirable things that are not necessarily wrong.
     */
    public function warning($message, array $context = array());

    /**
     * Normal but significant events.
     */
```

```
    public function notice($message, array $context = array());

    /**
     * Interesting events.
     * Example: User logs in, SQL logs.
     */
    public function info($message, array $context = array());

    /**
     * Detailed debug information.
     */
    public function debug($message, array $context = array());

    /**
     * Logs with an arbitrary level.
     */
    public function log($level, $message, array $context = array());
}
```

これを要約して、筆者なりの解釈でまとめてみました。

10.5.1 PSR-3の解釈

1. EMERGENCY： システムが使用できない
2. ALERT： サイトがダウンした、データベースが落ちたなど、全体ではないが一部がダウンしている異常事態
3. CRITICAL： 想定外の例外の発生など、ありえない事が起きている状態
4. ERROR： 即時対応はいらないが、記録しておくべき一般的なランタイムエラー
5. WARNING： 非推奨のAPIが使われた、使い方がよくないなど、間違ってはいないが好ましくない状態
6. NOTICE： 正常だが重要なイベント
7. INFO： ユーザーの行動ログやSQLログなど、情報として記録する内容
8. DEBUG： デバッグ情報

レベル感の違い

・「1～3」は、エラーが発生したら即座に確認することが望ましいです。
・「4～5」は、勤務時間中であれば確認することを推奨します。
・「6～8」は、ただの記録情報です。

「1～3」は緊急事態です。障害が発生したときはパニックに陥りやすいですが、まずは落ち着いて状況確認からはじめましょう。

10.5.2 Monolog PSR-3対応のログライブラリー

「PSR-3」についての理解を深めたければ、実際にログを出力してみるのがオススメです。PHPには、MonologというOSSで大人気のログライブラリーがあります。

・Monolog - Logging for PHP
　―https://packagist.org/packages/monolog/monolog
　―https://github.com/Seldaek/monolog

リスト10.4: Monolog Basic Usage

```
<?php

use Monolog\Logger;
use Monolog\Handler\StreamHandler;

// create a log channel
$log = new Logger('name');
$log->pushHandler(new StreamHandler(
    'path/to/your.log',
    Logger::WARNING
));

// add records to the log
$log->warning('Foo');
$log->error('Bar');
```

MonologはGitHubのスター数（人気度）も1万を超えていて、デファクトスタンダードと呼べるほどの人気があります。ロギング用のライブラリーとしては、とてもオススメです。

また、MonologはLaravelのログサービスとしても採用されています。Laravelを使っているならば、Laravelのログ機能を使って試してみましょう。

・Laravelはログメッセージをファイルやシステムエラーログ、さらにチーム全体に知らせるためのSlack通知も可能な、堅牢なログサービスを提供しています。
・そのために、Laravelは多くのパワフルなログハンドラをサポートしている、Monologライブラリーを活用しています。
・Laravelはそうしたハンドラの設定を簡単にできるようにし、アプリケーションのログ処理に合わせカスタマイズするため、ハンドラを多重に使ったり、マッチングできるようにしています。

※引用：https://readouble.com/laravel/5.6/ja/logging.html

Monologハンドラーの活用

Monologには多数のハンドラーがあり、ログをメールに飛ばしたりSlackに飛ばしたりと、柔軟に送信先を切り替えることができます。

- \Monolog\Handler\MailHandler
- \Monolog\Handler\SlackHandler
- ...etc

次にハンドラーの一覧がありますが、想像以上に多いです。

- https://github.com/Seldaek/monolog/tree/master/src/Monolog/Handler

ハンドラーは便利ですが、無闇に飛ばし続けると仕事や安眠を妨害します。トラブルやエラーの対応方針を検討してから、設定作業を進めることをオススメします。

なお、Monologはファイルへの記録に留め、SwatchやFluentdなどの外部ツールを利用してアラートを飛ばす方法もあります。必ずしも、Monologのハンドラーを使う必要はありません。

障害対応を高速化する工夫と文化

ピクシブ社といえば、プログラミング言語にPHPを採用し、PHPカンファレンスでもおなじみの存在です。「pixiv inside」という企業ブログに、障害発生時の工夫が書いてあります。

- 最速で見つけて最速で解決！障害対応を高速化する工夫と文化
  —https://inside.pixiv.blog/ikari/3891

まとめは次の通りです。エラーログの活用が、障害発生を大きな事故にしないための近道になります。

- 障害の発生を見逃さないよう、エラーログやSlackを活用して兆候を察知しよう
- 大きな障害が発生したら、人間も情報も1箇所に集まって対応スピードを上げよう
- 差し入れや出前を活用し、対応者のパフォーマンスを高く保とう
  トラブル対応時は、殺気立っていることが多いです。出前や飲み物の差し入れは、大変ありがたいです。

10.6 PSR-7 HTTP message interfaces

PSR-7は「HTTP message interfaces」で、HTTPメッセージのリクエストやレスポンスなどに関する仕様です。

- PSR-7: HTTP message interfaces
  —https://www.php-fig.org/psr/psr-7/
- PSR-7 HTTPメッセージインターフェース（GO-NEXT）
  —http://www.go-next.co.jp/blog/web/php/17817/

PSR-7は、サーバーとクライアント双方の対応が必要です。「型別に理解する変数の扱い方（章）> リソース型 > cURLによるHTTP接続」のコラムでも紹介した、GuzzleというOSSのHTTPク

ライアントは、PSR-7にも対応しています。

リスト10.5: \GuzzleHttp\Psr7\Request

```
// Send an asynchronous request.
$request = new \GuzzleHttp\Psr7\Request('GET', 'http://httpbin.org');
$promise = $client->sendAsync($request)->then(function ($response) {
    echo 'I completed! ' . $response->getBody();
});
```

10.6.1 CakePHP3はPSR-7に対応している

CakePHP3（3.4～）は、PSR-7に対応しています。フレームワーク側がインターフェースの実装を吸収してくれると対応がしやすくなります。

- CakePHP3.4がPSR-7に対応していた話（と、ミドルウェアの話）
  —http://bashalog.c-brains.jp/17/08/23-100000.php
- CakePHP PSR-7 リクエストとレスポンス
  —https://book.cakephp.org/3.0/ja/controllers/middleware.html#psr-7

「PSR-7」の普及に向けた対応は着々と進められています。ただし、実際に普及するかどうかは未知数です。取り急ぎは、そういったムーブメントがあるという点だけ認識しておきましょう。

Symfonyの脱退

PSRを策定しているPHP-FIGから、Symfonyが脱退意思を表明したことで話題になっています。

PSRは標準的なガイドラインの策定を進めている団体ですが、これによりPSRの推進は後れを取ることになりそうです。

- Remove Symfony
  —https://github.com/php-fig/fig-standards/pull/1120
- Symfonyの創設者fabpotさんより、FIGのメンバーからSymfonyを外すというPR
- FIGからの脱退意思を表明するもの
- fabpotさんは最近のFIGは相互運用性を目指すものではなく、ある種の思想にもとづいたフレームワークのひとつを作ろうとしているに過ぎない、という意見をTwitterへ投稿している
  ※引用：たぶん月刊PHPニュース 2018年11月27日号
  https://www.infiniteloop.co.jp/blog/2018/11/php-news-5/

第11章　正規表現を楽しもう

正規表現は、覚えておくと有益な知識です。正規表現を使えるようになると、文字列を柔軟に扱うための力が身につきます。

11.1　PHPにおける正規表現とは？

PHPが採用している正規表現には、次の2種類があります。

1．PCRE（Perl Compatible Regular Expressions）正規表現を扱うpreg関数群

2．POSIX拡張正規表現を扱うereg関数群（PHP5.3で非推奨、PHP7で削除されました）

ereg関数郡は、PHP7で使うことができません。PHP5系の正規表現サンプルでは登場することがありますが、採用すると後悔する結果になります。

11.2　PCREとは何か?

PCRE正規表現は、Perlの正規表現と類似しています。そのため、Perl関連の正規表現の情報はPHPでも役立ちます。

PHPマニュアルより

関数リファレンス > テキスト処理 > PCRE > はじめに

http://php.net/manual/ja/intro.pcre.php

なお、厳密に同じではなく、Perlとの細かい挙動の違いがあります。ただし大枠の書き方は同じですので、大きな問題になることはありません。

PHPマニュアルより

関数リファレンス > テキスト処理 > PCRE > PCREのパターン > Perlとの違い

http://php.net/manual/ja/reference.pcre.pattern.differences.php

本書は中級者を目指す書籍ですので、初心者向けの基本は他の書にゆずり、細かい内容を中心に解説します。

11.3　デリミタはスラッシュ（/）だけではない

正規表現のサンプルでは、スラッシュ（/）で初まりスラッシュ（/）で終わるパターンが多いです。このスラッシュには名前があり、デリミタと呼びます。

リスト11.1: 正規表現のデリミタはスラッシュが多い

```
preg_match ('/^123/', '12345'); // 先頭が123で始まる文字列かどうか
```

PHPマニュアルより

関数リファレンス > テキスト処理 > PCRE > PCREのパターン > Perlとの違い > PCRE正規表現構文 > デリミタ

http://php.net/manual/ja/regexp.reference.delimiters.php

デリミタで正規表現のパターンを囲むことで、パターンの範囲を示します。このデリミタですが、スラッシュ以外も使うことができます。

たとえば、URLやファイルパスを検査する場合です。正規表現のパターン内にスラッシュがあると、本来であればスラッシュをエスケープ（クォート）する必要があります。しかし、他のデリミタを採用すると回避できます。

リスト11.2: 正規表現のデリミタ

```
// デリミタは英数字、バックスラッシュ、空白文字以外の任意の文字が可能です
preg_match('@^123@', '12345'); // 先頭が123で始まる文字列かどうか
preg_match('%^123%', '12345'); // 先頭が123で始まる文字列かどうか

// よく使われるデリミタは、スラッシュ(/)、ハッシュ記号(#)、チルダ(~)です。
preg_match('/^\/path/', '/path/to/test'); // デリミタ/ではエスケープがいる
preg_match('#^/path#', '/path/to/test'); // 先頭が/pathかどうか
preg_match('~^/path~', '/path/to/test'); // 先頭が/pathかどうか
```

PHPの公式マニュアルには「デリミタとしてよく使われる文字は、スラッシュ（/）、ハッシュ記号（#）およびチルダ（~）です」と書いてありますが、筆者はアットマーク（@）もよく使います。

11.4　preg_quoteによる正規表現のエスケープ

正規表現のパターンを変数で与える場合、preg_quote()を使用することを推奨します。もちろん、変数内のアスタリスク（*）やプラス（+）などを、メタ文字として使うことが前提なのであれば問題ありません。

そうでない場合、メタ文字（特殊文字）として認識させないためにエスケープ（クォート）します。

リスト11.3: preg_quoteによるメタ文字の置き換え

```
// 置換対象の文字列
$str = 'a*b*c';
// "a*b*c"という文字列を"d"にする構想です
[$before, $after] = ["a*b*c","d"];

// 結果がa*b*dになってしまう例
// 理由は、アスタリスク(*)が正規表現におけるメタ文字だからです
$result = preg_replace('/'.$before.'/', $after, $str);
echo $result.PHP_EOL;

// メタ文字のアスタリスク(*)ではなく、単純な文字として判定させます
$quoted = preg_quote($before, '/');
var_dump($quoted); // string(7) "a\*b\*c"となりエスケープされた

// 結果：d
$result = preg_replace('/'.$quoted.'/', $after, $str);
echo $result.PHP_EOL;
```

このように正規表現のパターン内で変数を使う場合は、メタ文字（*,+...）をメタ文字として使うか、エスケープするのかの二択になります。ただし、後者のケースのほうが多いので、基本的にはpreg_quote()を使う前提でいることを推奨します。不用意にメタ文字が発動してしまうのは、トラブルの元だからです。

11.5 1行モードと複数行モードと終端判定

PHPの正規表現（PCRE）では、デフォルトで検索対象文字列を（実際には複数行からなる場合でも）単一の行として処理します。

文字列が1行であるか複数行であるか、これの影響を受けるのが終端判定です。

リスト11.4: 1行モードと複数行モード

```
$str = "
Wagahai ha
Neko de aru
";

/**
 * 終端判定のダラー($)
 */
// (一致しない)通常は一行モードなのでマッチしない
var_dump(preg_match('/ha$/', $str));
// (一致する)複数行モードにすると、途中の改行が終わりとみなされマッチする
```

```
var_dump(preg_match('/ha$/m', $str));

/**
 * 複数行モードに左右されない終端判定(\Zと\z)
 * \Z: 検索対象文字列の終端、または終端の改行(複数行モードとは独立)
 * \z: 検索対象文字列の終端(複数行モードとは独立)
 */
// (一致しない)複数行モードでもマッチしない
var_dump(preg_match('/ha\Z/m', $str));
// (一致する)最後の行の末尾なのでマッチする
var_dump(preg_match('/aru\Z/m', $str));
```

ユーザーの氏名やメールアドレス程度であれば、1行であることがほとんどです。テキストボックスに入力された値をはじめ、改行が含まれる文字列で正規表現を実行する場合は留意する必要があります。

ただこれを踏まえると、複数行モードに左右されない\Zと\zを使う習慣としたほうが、安定した正規表現になることは間違いありません。

11.6 最短マッチと最長マッチ

正規表現の世界には「最短マッチ」と「最長マッチ」という考え方があります。知らない方も多いかと思いますので、例を紹介します。

リスト11.5: 最短マッチと最長マッチ

```
$str = "abcccde";

// アスタリスク(*)は最短マッチです
// 結果: string(0) ""
preg_match('/(c*)/', $str, $matches);
var_dump($matches[1]);

// プラス(+)は最長マッチです
// 結果: string(3) "ccc"
preg_match('/(c+)/', $str, $matches);
var_dump($matches[1]);
```

「*」には最短マッチをする特性があり、0回の繰り返しで済むのであれば0回で済ませてしまいます。一方で、「+」は最長マッチをするため、行ける所まで進めて最長でマッチを行います。

正規表現にはこのような独特な慣習があるのですが細かく覚えるのは大変です。覚えるよりも実際に試してみたほうが理解が進むでしょう。

自作で作り上げた正規表現がどのようにマッチするのかは、さまざまなパターンの文字列でテストしてみれば分かります。正規表現は原理として覚えるよりも、遊びで実験しながら覚えていくほうが楽しい分野です。

11.7 正規表現と専用関数の速度の違い

正規表現は、テキスト処理の世界では万能な存在です。しかしながら、複雑な条件が書ける代償として動作は遅いという特性があります。

たとえば、次のように文字列が含まれているかを確認するケースでは、preg_match()とstr_pos()で大幅な性能差があります。

リスト11.6: 正規表現と動作速度

```
$str = 'abcde';
$word = 'bcd';

$time = microtime(true);
for ($i = 0; $i < 1000000; $i++) {
    // $wordが含まれているかどうか
    if (preg_match('/'.$word.'/', $str)) {
        // echo 'Hit!';
    }
}
// preg_match:0.23271107673645
echo 'preg_match:'.(microtime(true) - $time).PHP_EOL;

$time = microtime(true);
for ($i = 0; $i < 1000000; $i++) {
    // $wordが含まれているかどうか(文字の位置を調べている)
    if (strpos($str, $word) !== false) {
        // echo 'Hit!';
    }
}
// strpos:0.048377990722656
echo 'strpos:'.(microtime(true) - $time).PHP_EOL;
```

これは100万回試行した結果なので、1回ごとの速度差では微細なレベルです。しかし、PHP側で専用関数が用意されているのであれば、strpos()に任せたほうが良いと言えます。正規表現はゲームで言えば万能型のキャラクターですが、何でもこなせる反面、特化型のキャラクターに特定分野ではかないません。

11.8 日本語（UTF-8）を含む正規表現

UTF-8の日本語をパターンに含む正規表現では、u修飾子を付けることを推奨します。u修飾子を付けないと、日本語の全角文字列（UTF-8）は、単なるバイト文字列の扱いを受けてしまいます。

リスト11.7:

```
/**
  * u修飾子を付けないと、「あい」は単なるバイト文字列の扱いを受け、
  * 6バイト(6文字)分の変換がされてしまいます
  * 結果： "雛鶴aaaaaa"
  */
echo preg_replace('/[あい]/', 'a', '雛鶴あい').PHP_EOL;

/**
 * u (PCRE_UTF8)
 * => パターンと対象文字列は、 UTF-8として処理されます。
 * 「あい」はそれぞれで1文字として処理されます
 * 結果： "雛鶴aa"
 */
echo preg_replace('/[あい]/u', 'a', '雛鶴あい').PHP_EOL;
```

日本語文字列の正規表現は、うまくやらないとすぐ文字化けを起こすので、注意する必要があります。

> **将棋とプログラマの関係**
>
> 本書の正規表現に登場する「雛鶴あい」は、「りゅうおうのおしごと!」というライトノベルに登場するキャラクターです。普段はライトノベルをあまり読まない筆者ですが、将棋がテーマだったため手に取りました。
>
> これは個人的な私見ですが、将棋が強い方はプログラマとしても向いてると思います。将棋は完全に頭脳戦で、先読みや知識量がモノを言う世界です。これは、プログラミングにもある種の似た側面があります。
>
> また、プログラマが脳を鍛えるという目的においても、将棋を指してみるのは意外と有効ではないでしょうか？老後まで含めて、一生楽しむことができます。

11.9 マルチバイト文字列の正規表現

文字列関数にマルチバイト用のmb_関数があるように、正規表現にもマルチバイト用のmb_ereg正規表現があります。

リスト11.8:

```
// 文字列の先頭からマッチさせて一致する文字があるか調べる
var_dump(mb_ereg_match('.*あい', '雛鶴あい')); // bool(true)
```

```
// 文字列の置換
var_dump(mb_ereg_replace('あい', 'aa', '雛鶴あい')); // string(8) "雛鶴aa"
```

mb_ereg正規表現では、デリミタの記述が不要です。ただし、PHPのマルチバイト正規表現関数は少し癖があります。使い始める前に、まずは公式リファレンスを参照したり、実験してみることをオススメします。

たくさんの関数を覚えるのも大変ですので、文字コードをUTF-8で統一しているのであれば、通常のpreg(PREG)にu修飾子を付けるほうが良いとも言えます。

なお、ereg正規表現はPHP7で削除されましたが、mb_ereg正規表現はPHP7でも使えます。この辺りが少しややこしいです。

11.10 正規表現チェッカー

正規表現を気軽に試そうと思った場合、ブラウザー上でお手軽に実行する選択肢があります。「正規表現チェッカー」でWeb検索すると、たくさんヒットします。

- 正規表現チェッカー PHP: preg_match()
  —http://okumocchi.jp/php/re.php

筆者もたまにお世話になっており、まずは正規表現チェッカーで試行錯誤をしてから、プログラムに正規表現を清書したりします。

正規表現を書く上で重要なのは、色々なパターンで自分の書いた正規表現を検証し、いじめてみることです。まずは簡単な正規表現から、はじめてみませんか？

第12章　テンプレートエンジン

PHPはテンプレート言語でもあるため、HTMLに埋め込むことができます。おそらく、初心者向けの本の多くは、HTMLの中に直接PHPが書かれていることでしょう。

12.1　テンプレートエンジンはなぜ使われるのか？

実際の現場では、テンプレートエンジンが多く利用されます。それには、次のような理由があります。

- PHPタグは<?php ?>と書くが、HTMLタグと似ているため紛らわしい
- htmlspecialchars()が長い
- テンプレートエンジンが持つ自動HTMLエスケープ機能を活用し、セキュリティーリスクを回避したい
- HTMLとPHPロジックを、適切に分離したい
- ...etc

12.2　テンプレートエンジンを試してみよう

早速、PHPのテンプレートエンジンでもっとも有名なSmartyを試してみましょう。インストールはComposerからです。なお、本書のサンプルのcomposer.jsonには既に定義されています。

リスト12.1: php composer.phar install

```
$ cd /path/to/your/techbook-levelupphp-sample/sample/ch12
$ php composer.phar install

Loading composer repositories with package information
Installing dependencies (including require-dev) from lock file
Package operations: 1 install, 0 updates, 0 removals
  - Installing smarty/smarty (v3.1.33): Loading from cache
Generating autoload files
```

本書のサンプルではすでにパッケージのインストールが定義されていますが、新規にインストールする場合はrequireを使います。

リスト12.2: php composer.phar require smarty/smarty

```
$ cd /path/to/your/techbook-levelupphp-sample/sample/ch12
$ php composer.phar require smarty/smarty
```

```
Using version ^3.1 for smarty/smarty
./composer.json has been updated
Loading composer repositories with package information
Updating dependencies (including require-dev)
Package operations: 1 install, 0 updates, 0 removals
  - Installing smarty/smarty (v3.1.33): Loading from cache
Writing lock file
Generating autoload files
```

requireによってパッケージを追加すると、composer.jsonにもインストールが必要なパッケージとして定義されます。

リスト12.3: composer.json

```
{
    "require": {
        "smarty/smarty": "^3.1"
    }
}
```

12.3 テンプレートエンジンの実装サンプル

次に、テンプレートエンジンの実装サンプルを掲載します。要点をまとめましたので、意識しながらコードを読むと理解が深まるでしょう。

- HTMLインジェクションを回避するために、自動エスケープを有効にしている
- assign経由で、テンプレートで表示したい値だけを受け渡している
- テンプレートファイルは分離されており、HTMLファイルとPHPロジック（コントローラー）が切り離されている
- 共通ヘッダーや共通フッターなど、テンプレートをパーツ化して組み合わせることができる

リスト12.4: テンプレートエンジンの実装サンプル（ch12/01-smarty.php）

```
// オートロードによるインストールしたライブラリーの自動読み込み
require 'vendor/autoload.php';

// Smartyクラスを使います
$smarty = new Smarty();

// HTMLインジェクション対策
// テンプレートで出力する変数を自動でHTMLエスケープします
$smarty->escape_html = true;
```

```
// テンプレートファイルがあるディレクトリーの指定
$smarty->setTemplateDir(__DIR__.DIRECTORY_SEPARATOR.'template');

// テンプレートに値を渡してみます
$smarty->assign('hello', 'Hello, World!!');
$smarty->assign('demos', [
    'This',
    'is',
    'Smarty.',
    '<script>alert(1);</script>'
]);

// テンプレートを表示します
$smarty->display('index.tpl');
```

リスト12.5: 本体テンプレート(sample/ch12/template/index.tpl)

```
{* 共通ヘッダーの読み込み *}
{include file='_header.tpl' pagetitle="Smarty demo."}

{if $hello}
<h1>{$hello}</h1>
{/if}

<ul>
{foreach from=$demos item=demo}
    <li>{$demo}</li>
{/foreach}
</ul>

{* 共通フッターの読み込み *}
{include file='_footer.tpl'}
```

リスト12.6: 共通ヘッダー（sample/ch12/template/_header.tpl）

```
<!DOCTYPE html>
<html lang="ja">
<head>
    <meta charset="utf-8">
    <title>{$pagetitle}</title>
</head>
<body>
```

リスト12.7: 共通フッター (sample/ch12/template/_footer.tpl)

```
<footer>2018 - {date('Y')} Smarty sample.</footer>
</body>
</html>
```

12.3.1 サンプルの実行

実際にサンプルを実行して、出力されるHTMLを確認してみましょう。

PHPファイルからassignした値が、最終的にテンプレートに埋め込まれて表示されていることがわかります。

リスト12.8: php sample/ch12/01-smarty.php

```
<!DOCTYPE html>
<html lang="ja">
<head>
    <meta charset="utf-8">
    <title>Smarty demo.</title>
</head>
<body>
<h1>Hello, World!!</h1>

<ul>
    <li>This</li>
    <li>is</li>
    <li>Smarty.</li>
    <li>&lt;script&gt;alert(1);&lt;/script&gt;</li>
</ul>

<footer>2018 - 2018 Smarty sample.</footer>
</body>
</html>
```

12.4 テンプレートエンジンはどのように動くのか？

テンプレートエンジンを利用する場合は、テンプレートエンジンの記法に沿ったコーディングを行います。

・Smarty3マニュアル

—https://www.smarty.net/docs/ja/

テンプレートエンジンはこれらの記法を解釈して、最終的にHTMLを生成します。しかしながら、テンプレートエンジンを使うと毎回余計なレンダリングが走り、遅くなるのではないかと感じる方もいるのではないでしょうか。

Smartyはそんな疑問に応えるために、キャッシュファイルを生成しています。

リスト12.9: templates_cが自動的に生成される（キャッシュディレクトリー）

```
$ cd /path/to/your/techbook-levelupphp-sample
$ tree templates_c/
templates_c/
├── 158ecb7ba676603159b580d12fac8514efc74739_2.file._header.tpl.php
├── c038f894e3230fdef835df9565d2ce39f961ea38_2.file._footer.tpl.php
└── c96383e1e1cb8a86b251b7c80cb6170a524de8c5_2.file.index.tpl.php
```

ファイルの中身を見てみると、PHPファイルになっています。

リスト12.10: templates_c/（名前が長いので省略）.file._header.tpl.php

```
<?php
/**
 * 長いので途中まで省略します。紙面の都合上、一部改行を加えています。
 */
function content_5ba869c67afdb2_94579029
    (Smarty_Internal_Template $_smarty_tpl) {
?><!DOCTYPE html>
<html lang="ja">
<head>
    <meta charset="utf-8">
    <title><?php echo htmlspecialchars(
        $_smarty_tpl->tpl_vars['pagetitle']->value,
        ENT_QUOTES, 'UTF-8');?>
    </title>
</head>
<body><?php }
}
```

Smartyは、テンプレートファイルをPHPで実行できるように変換した上で、普通にPHPとして実行しています。ただし、毎回変換するのは大変なので、変換結果をキャッシュすることで負荷を抑えています。

言ってしまえば、テンプレートエンジンはAltJS（JavaScriptを違う書き方で記述する）のような存在であり、JavaScriptにとってのTypeScriptやCofeeScriptです。HTML上でPHPを書く代わりに、テンプレート言語で書いているわけです。

12.5 その他のテンプレートエンジン

Smartyが有名である理由は、EC-CUBEなどのメジャーなOSSで採用されているためです。なお、EC-CUBEはECサイトの構築パッケージです。

また、PHPにはSmartyの他にさまざまなテンプレートエンジンがあります。

- PHPテンプレートエンジンまとめ 一覧と構文例（随時追加中）
  —https://worktoolsmith.com/php-template-engines-matome/
- 完全版！ テンプレートエンジン チートシート （blade, twig, volt, smarty, mustache, の比較もあるよ）
  —http://sekaie.hatenablog.com/entry/2015/12/08/203810

12.5.1 Blade Templates

Laravelで採用されているテンプレートエンジンです。

- https://laravel.com/docs/5.7/blade

12.5.2 Twig

「Fast」「Secure」「Flexible」の三拍子がコンセプトで、とても有力なテンプレートエンジンです。

- https://twig.symfony.com/

12.6 どのテンプレートエンジンを使えば良いのか？

基本的には、フレームワークが推奨しているテンプレートエンジンを使いましょう。そうすれば、フレームワークの機能を最大限に活用できます。

フレームワークのない環境であれば、SmartyやTwigが候補になります。選定する際には記法の書きやすさ、公式ドキュメントの充実度や人気、情報量などを参考に選定しましょう。

12.7 素のPHPタグにおける変更点

PHPマニュアルより

言語リファレンス > 基本的な構文 > PHPタグ

http://php.net/manual/ja/language.basic-syntax.phptags.php

実用的にはテンプレートエンジンの採用がオススメですが、素のPHPタグで開発しているプロダクトもたくさんあるかと思います。いくつか変更点がありますので紹介します。

12.7.1 (PHP7.0) ASPタグの廃止

PHP7から、ASPタグ（<%, %>, <%=）とscriptタグ（<script language="php">）が廃止されました。

リスト12.11: PHP7で廃止されたタグ

```
<script language="php">
    echo 'PHP7ではこの書き方ができません';
</script>

<% $val = 'PHP7ではこの書き方ができません'; %>
<%= $val; %>これは、<% echo $val; %>のショートカットですが、PHP7ではこの書き方ができません
```

もし、PHP5系のサービスでASPタグを使用している場合は、必ずASPタグを取り除いてからバージョンアップする必要があります。

12.7.2 (PHP5.4) <?=の常時有効化

PHP5.4から、php.iniのshort_open_tagの設定にかかわらず、「<?=」が常に使えるようになりました。

リスト12.12:

```
<?php
$val = 'aiueo';
?>
<?= $val.PHP_EOL /* <?php echo $val と同義です */ ?>
```

注意して欲しいのですが、常に使えるのは「<?=」だけです。「<?」はshort_open_tagの設定の影響を受けます。

リスト12.13:

```
<?php
/**
 * PHPの起動時に、-dでphp.iniの設定を切り替えて動作確認ができます
 * php -d short_open_tag=false /path/to/sample.php
 *
 * short_open_tagの設定によって、<?が動くかどうかが決まります
 * short_open_tag=false <? echo $val.PHP_EOL ?>がそのまま出力される
 * short_open_tag=true  aiueoが出力される
 */
?>
<? echo $val.PHP_EOL ?>
```

「<?=」は設定変更の影響を受けないから良いとして、「<?」はshort_open_tagの設定を誤った瞬間にプログラムが文字列として露出してしまう危険があります。

PHPタグを短く書けるのは魅力的なものの、この理由から筆者としては使わないことを推奨します。

第13章　パフォーマンスとデバッグ

プログラミングの世界ではパフォーマンスがとても重要です。プログラミングコンテストの世界では常にアルゴリズムのパフォーマンスが競われていますし、ISUCONというWebサービスの高速化コンテストもあります。

> **ISUCONとは？**
>
> ・ISUCON (Iikanjini Speed Up Contest)
> 　―http://isucon.net/
>
> 　お題となるWebサービスを、決められたレギュレーションの中で限界まで高速化を図るチューニングバトル、それがISUCONです。過去の実績も所属している会社も全く関係ない、結果が全てのガチンコバトルです。
>
> 　次にISUCON8の本選フォトレポートがあります。Webサービスの高速化を目指す戦いを見届けよ！
> 　http://isucon.net/archives/52606851.html

13.1　Webシステムにおけるパフォーマンス

「それではPHPプログラムの高速化を勉強しましょう！」と言いたいところですが、実際のWebシステムでPHPの性能が問題になることは少ないです。それは、一般的なWebシステムではDBがボトルネックになることが多いからです。

13.1.1　Webシステムのパフォーマンスを上げるには？

一般的なDBを使用したWebシステムで高速化を目指す場合、次のような取り組みが有効です。

・プログラムを工夫してSQL発行回数を減らす
・SQLを複雑化せず、シンプルに保てるようなテーブル設計を考える
・テーブルやSQLをチューニングする（カラムにインデックスを貼るなど）
・RedisやmemcacheなどのキャッシュをD活用して、DBへの問い合わせを抑制する

Webエンジニアがシステムのパフォーマンスを上げようと考えた場合、結局はDBを避けて通ることができません。Webシステムのパフォーマンスを考えるのであれば、まずはDBそのものやテーブル設計、SQLについての学習を推奨します。

また、この分野では筆者の大好きな「大規模サービス技術入門」という名著があります。

・[Web開発者のための]大規模サービス技術入門 ―データ構造、メモリー、OS、DB、サーバ/インフラ（伊藤直也、田中慎司著／技術評論社刊）
　―http://gihyo.jp/magazine/wdpress/plus/978-4-7741-4307-1

少し古い本ですが、「データベースのレコードがメモリーに乗り切るかどうかで、パフォーマンスが大きく変わる」など、深い話が展開されます。しかも、はてなのインターンシップがベースになっているため、平易に解説するための努力がなされています。

13.1.2 I/O（入出力）とパフォーマンス

DB以外にも、ファイルの入出力や外部のWebAPIとの通信など、周辺との連携が増えるほど待ち時間も増え、システムのパフォーマンスは落ちます。それに比べれば、PHPの中だけで完結するような処理は基本的に高速です。

さらに、PHP7ではPHP本体のパフォーマンスも大きく向上しました。

13.2 PHPのパフォーマンスを計測するには？

DBが重要であるとは言っても、もちろんPHPが遅いと感じることもあります。その場合、PHPプログラムのパフォーマンス計測が必要です。

高度なパフォーマンス計測の知識を持っていなくても、意外と簡単にPHPのパフォーマンスは計測できます。

リスト13.1: パフォーマンス計測のシンプルな基本形

```
function test($count) {
    $sum = 0;
    for($i = 0; $i < $count; $i ++) {
        $sum++;
    }
}

// かかった時間 = 終了時間 - 開始時間
$start = microtime(true);
test(10000000);
$end = microtime(true);
$elapsed = $end - $start;

// test()に0.18110203742981秒かかりました
echo 'test()に'.$elapsed.'秒かかりました'.PHP_EOL;
```

このプログラムのパフォーマンス計測はとても単純です。計測開始時の時間を保存し、処理が完了したら開始から何秒経っているのかを計算して出力します。

パフォーマンスを計測したい要所要所に差し込めば、どこで時間を要してしまったのかが分かります。なお、PHPのプログラムはとても高速なので、計測はマイクロ秒単位がオススメです。

単純なように思えるかもしれませんが、意外にこのレベルのパフォーマンス計測でも十分に役立ちます。

> ### Webサイトの性能の判断基準
>
> URLを叩いてからページが返ってくるまでの応答時間に対して、次の判断基準を筆者は持っています。
>
> ・〜500ミリ秒：早い
> ・500ミリ秒〜1秒：少し早い
> ・1秒〜3秒：普通
> ・3秒〜：遅い
>
> Webシステムを開発する上で、3秒以内にレスポンスを返すことはほぼ必須条件です。さらに言えば、1秒以内に応答を返却できると好ましいです。
>
> 最近は、Webサイトの応答時間が2秒を超えると、ユーザーの離脱率が上昇すると言われる時代になりました。
>
> ・ページ読み込みは「2秒以内」に - 3秒待てないモバイルユーザー、画像圧縮で表示速度改善を
> —https://boxil.jp/beyond/a5835/

13.3 メモリー使用量の計測

次はメモリー使用量の計測です。パフォーマンス計測では処理時間にばかり目が行きがちですが、メモリー使用量も重要です。

一般的なサーバーは、メモリーを使い切った瞬間に性能が大幅にダウンします。これはスワップの発生による性能劣化など、さまざまな要因があります。

また、たくさんのデータを処理するようなバッチスクリプトでは、メモリー使用量の増加に気をつけながらプログラミングをする必要があります。

リスト13.2: メモリー使用量の計測

```
function test($count) {
    $str = '';
    for($i = 0; $i < $count; $i ++) {
        $str .= 'a';
    }
}

// memory_get_usage()：PHPがスクリプトに割り当てたメモリー量
// memory_get_usage(true)：システムが実際に割り当てたメモリー量
$start = memory_get_usage();
$startActual = memory_get_usage(true);
test(10000000);
$end = memory_get_usage();
$endActual = memory_get_usage(true);

// PHPがスクリプトに割り当てたメモリー量は0バイト増えました
echo 'PHPがスクリプトに割り当てたメモリー量は'.($end - $start).'バイト増えました'.PHP_EOL;
// システムが実際に割り当てたメモリー量は2097152バイト増えました
```

```
echo 'システムが実際に割り当てたメモリー量は'.($endActual - $startActual).'バイト増えました'.PHP_EOL;
```

13.3.1 memory_get_usage()とmemory_get_usage(true)の違い

このサンプルプログラムでは、PHPがスクリプトに割り当てているメモリー量は増えていないという結果が出ています。このような結果になる理由は、大量のメモリーを消費した「$str」という変数はローカルスコープなので、関数の外で計測をしてもPHP的にはすでに存在しない変数だからです。

一方で、memory_get_usage(true)はシステム（OS）が実際に割り当てたメモリー量を返却します。つまり、PHP的には「$str」はいないことになっていますが、OS的には「PHPさんに割り当てていますよ」という扱いになります。

13.3.2 PHPは変数のメモリーを再利用する

OSがPHPに割り当てたメモリー領域は、基本的にはスクリプトの終了を持って、最終的に解放されます。なおPHPの内部では、ローカルスコープによって消え去った「$str」のメモリー領域を再利用することでOSからの追加メモリー割り当てを防ぐ工夫が行われています。この辺りまで話が進むと、ガーベジコレクションなどの言語内部のメモリー管理の話になります。

まずはサイズの大きな変数を作らないための努力や、ローカルスコープなども活用して、変数が確保してしまったメモリー領域を明け渡して再利用させることがコツであるという点を覚えておきましょう。

13.4 コピーオンライトによるメモリーの節約

PHPの変数には、コピーオンライトという仕組みがあります。注目して欲しいのは、「$b = $a」としただけではメモリーの割当量はほとんど変わらず、$bを書き換えた瞬間にコピーが作成され、一気にメモリーの割り当てが増えている点です。

リスト13.3:

```
$a = str_repeat('a', 1000000);
echo 'メモリー割当量：'.memory_get_usage().PHP_EOL; // 1355808
$b = $a;
echo 'メモリー割当量：'.memory_get_usage().PHP_EOL; // 1355840

// $bが変更される瞬間に、変更前のコピーが作成される
// これをコピーオンライトと言う
$b .= 'b';
// コピーされたので、メモリーの割当量が一気に増えた
echo 'メモリー割当量：'.memory_get_usage().PHP_EOL; // 2359360
```

PHPはコピーオンライトという仕組みで、どちらか（$aか$b）に変更がない限りは変数の内容を共有することでパフォーマンスとメモリーを節約しています。

13.4.1 （PHP7.0）特定の型におけるコピーオンライトの廃止

PHP7では、int・float・bool型でのコピーオンライトが削除されています。もともとデータ量の少ないデータ型ではコピーオンライトにするメリットがないからです。

さらに、これらの型ではポインタ参照が1段減っており、メモリーにも優しい構造へと進化しました。詳しくは、hnwさんのPHPカンファレンス関西2015の発表スライドをご参照ください。

・PHP7で変わること ——言語仕様とエンジンの改善ポイント
　—https://www.slideshare.net/hnw/phpcon-kansai20150530

13.4.2 オブジェクトはコピーされない

コピーオンライトの仕組みによって、変数が書き換えられる前にコピーが作成されます。しかしオブジェクトでは、オブジェクトの実体まではコピーされません。

リスト13.4: オブジェクトの実体は共有される

```
$c = new class { public $test; };
$c->test = str_repeat('c', 10);
$d = $c;
$d->test = str_repeat('d', 10);
echo $c->test.PHP_EOL; // dddddddddd
```

このような動きになる理由は、オブジェクトを保持している変数が持っているのはオブジェクトそのものではなく、オブジェクトの参照（ポインタ）だからです。

この動きをしっかり理解するためには、値渡しと参照渡しも併せて理解する必要があります。

13.5 変数の値渡しと参照渡し

変数の値渡しでは、値がそのまま関数へと渡ります。一方で、参照渡しでは変数の中身を共有します。変数の参照（ポインタ）を渡すようなイメージです。

リスト13.5: 値渡しと参照渡し

```
function add1($i)  { $i += 10; }
// 変数の先頭に&で参照渡しになる
function add2(&$i) { $i += 10; }

// 値渡しでは、関数の呼び出し元の変数は変化しない
$j = 1;
add1($j);
```

```
echo $j.PHP_EOL; // 1

// 参照渡しでは、関数の呼び出し元の変数も変化する
$j = 1;
add2($j);
echo $j.PHP_EOL; // 11
```

リスト13.6: 配列にも値渡しと参照渡しがあります

```
function arr1($a)  { $a[0] = 0; }
function arr2(&$a) { $a[0] = 0; }

// 値渡し
$array = [1,2,3];
arr1($array);
// array(3) { [0]=> int(1) [1]=> int(2) [2]=> int(3) }
var_dump($array);

// 参照渡し
$array = [1,2,3];
arr2($array);
// array(3) { [0]=> int(0) [1]=> int(2) [2]=> int(3) }
var_dump($array);
```

参照渡しは関数の呼び出し元の変数に影響を与えてしまうため、入力値を受け取って出力（返却）値を返すだけの単純な関数からは離れてしまいます。そのため、必要なときだけ使うようにしましょう。

なお、オブジェクト変数における値渡しと参照渡しは、少し複雑です。次の柄沢氏の記事がとてもわかりやすいので、ぜひご参照ください。

- オブジェクトの参照渡しと値渡しについて
  —http://sotarok.hatenablog.com/entry/20080603/1212599778

13.5.1 Rubyで理解する値渡しと参照渡しの違い

変数の値渡しと参照渡しという概念は、なにもPHPに限った考え方ではありません。次はRubyist Magazineですが、とてもわかりやすく値渡しと参照渡しの違いについて書いてあります。

- 値渡しと参照渡しの違いを理解する
  —https://magazine.rubyist.net/articles/0032/0032-CallByValueAndCallByReference.html

値渡しと参照渡しの理解を深めるには、C言語で詰まる人が多いポインタの概念を知っておくことが有効なのですが。まず次の4点を理解し、覚えておくことをオススメします。

・値渡しは、変数が持つ値そのものを受け渡す
・参照渡しは、変数の内容を共有する
・オブジェクトの値渡しと参照渡しは、整数や文字列とは違う考え方を理解する必要がある
・参照渡しは呼び出し元の変数に影響を与えるので、安易に多用してはならない

13.6 PHPとデバッグ

パフォーマンスの計測がシンプルであったように、同じくデバッグも高度な知識がなくても意外とどうにかなります。PHPが標準で用意している基本的な関数を、まずは覚えておきましょう。

13.6.1 変数の出力

現在の変数の内容を出力するには、var_dump()やvar_export()を使います。

・print_r()
・var_dump()
・var_export()

動きはとても似ているのですが、表示内容が微妙に違います。ぜひ実際に試してみて、表示内容を見比べてみてください。

リスト13.7: 変数の現在の内容を出力する

```
$array = ['a', 'b'];
var_dump($array);
echo '=========='.PHP_EOL;
var_export($array);
echo PHP_EOL.'=========='.PHP_EOL;
print_r($array);

// 文字列として変数に格納したい場合
$result = var_export($array, true);
$result = print_r($array, true);
```

リスト13.8: 表示結果

```
array(2) {
  [0]=>
  string(1) "a"
  [1]=>
  string(1) "b"
}
==========
```

```
array (
  0 => 'a',
  1 => 'b',
)
==========
Array
(
    [0] => a
    [1] => b
)
```

13.6.2 経路の追跡（バックトレース）

エラーと例外の章でも紹介しましたが、debug_backtrace()を使うと呼び出し元の関数の情報などを追跡（トレース）して出力することができます。

> **PHPマニュアルより**
>
> 関数リファレンス ＞ PHPの振る舞いの変更 ＞ エラー処理 ＞ エラー処理関数 ＞ debug_backtrace()
>
> http://php.net/manual/ja/function.debug-backtrace.php
>
> 関数リファレンス ＞ PHPの振る舞いの変更 ＞ エラー処理 ＞ エラー処理関数 ＞ debug_print_backtrace()
>
> http://php.net/manual/ja/function.debug-print-backtrace.php

13.7 バージョンアップで性能が上がるPHP

PHPは、バージョンアップの度に性能向上を繰り返しています。最近リリースされたPHP7.3でも、注目はパフォーマンスです。

・PHP 7.3登場 - パフォーマンスの高さに注目
　—https://news.mynavi.jp/article/20181207-737245/
・PHP 7.3 Performance Benchmarks Are Looking Good Days Ahead Of Its Release
　—https://www.phoronix.com/scan.php?page=news_item&px=PHP-7.3-Performance-Benchmarks

13.7.1 PHPBenchによる性能の測定

PHPにはPHPBenchという、PHPの性能を測るフレームワークがあります。

・PHPBench

—https://github.com/phpbench/phpbench

参考として掲載したPhoronixのサイトにも、PHPのバージョン別に測定したパフォーマンスが掲載されています。

表13.1: PHPBench v0.8.1 PHP Benchmark Suite from Phoronix

バージョン	性能（スコアが高いほど良い）
PHP5.5.38	144,125
PHP5.6.38	147,868
PHP7.0.32	325,166
PHP7.1.24	348,223
PHP7.2.12	390,531
PHP7.3.RC6	428,084

PHP5系からPHP7になるタイミングで一気にパフォーマンスが向上し、その後も性能向上を繰り返していることがわかります。

ただし、前述したようにWebシステムの性能は外部との入出力（DBやファイル、ネットワークなど）の処理時間や待ち時間によって決まることが多いので、PHPを最新にするだけで早いシステムがつくれるわけではありません。

フレームワークとパフォーマンス

メルカリ社で使われているDietCakeは、数ミリ秒でレスポンスを返すことを目標にしているフレームワークです。極限までフレームワークを薄く保つことで、余計な処理を一切しないフレームワークに仕上がっています。

・DietCake
—http://dietcake.github.io/

> 1億PV/日のアクセスを前提に設計しています。数十万人を超えるアクティブユーザーに対して、数ミリ〜数十ミリ秒オーダーでレスポンスを返すために作られました。

PHPであっても、Webシステムの性能は突き詰めると数ミリ秒まで高めることができます。とにかく重要なのは、余計なことをしないことです。プログラムはシンプルが一番です。

13.8 プロファイリングツールの活用

PHPにおけるパフォーマンスの計測では、プロファイリングツールを使うという選択肢もあります。

・Profiling Tools For PHP7
—https://qiita.com/takahashi-yugo/items/8f141e6ca0259a2bd2c8

・PHPプログラムのパフォーマンス可視化
　—https://qiita.com/a_yasui/items/ed773044aa0482f85cd4

PHP5ではXHProfというプロファイラが主流だったのですが、PHP7に未対応なため有志が開発しているXHProfのフォークやtidewaysなどが選択肢となります。

第14章　PHPとバージョンアップ

PHPはオープンソースによって開発されており、日夜ブラッシュアップが続けられています。バージョンアップでは、新しい機能や演算子が追加されます。

一方で、バージョンアップで非推奨になったり削除される機能もあります。プログラムは作って終わりではなく、時代の進化に合わせてメンテナンスが必要です。

14.1　PHPのバージョンアップの頻度

最近のPHPは、おおよそ年に1回の頻度で大きなバージョンアップがあります。バージョンアップの際には、移行に向けたガイダンスが発行されます。

バージョン	リリース日	サポート期限
PHP7.3	2018/12/06	2021/12/06
PHP7.2	2017/11/30	2020/11/30
PHP7.1	2016/12/01	2019/12/01
PHP7.0	2015/12/03	2018/12/03

・参考：PHPのリリース日とサポート期限
　―https://qiita.com/bezeklik/items/72d1ff8393f66673e2bc

なお、それ以外のタイミングでもバージョンは頻繁に上がります。ただし、バグ修正やセキュリティー対応が中心なので、基本的には同じマイナーバージョンであれば最新版をインストールしてください。

14.2　PHPのサポート期限（ライフサイクル）

PHPでは、バグ修正を中心にした2年間のActive supportと、1年間のSecurity fixesを合計した3年間がサポート期限とされています。

・Supported Versions
　―http://php.net/supported-versions.php

つまり、今日インストールしたPHPであっても、遅くとも3年後にはサポートが切れるという計算になります。これに追従するためには、サポートの期限が切れる前にPHPをバージョンアップする必要があります。

14.3　下位互換性のない変更点

PHPをバージョンアップする際には公式マニュアルの「付録 > PHPX.X.xからPHP X.X.xへの移行」を、必ず確認するようにしてください。

> **PHPマニュアルより**
>
> 付録 > PHP5.6.xからPHP7.0.xへの移行
>
> http://php.net/manual/ja/migration70.php
>
> 付録 > PHP7.0.xからPHP7.1.xへの移行
>
> http://php.net/manual/ja/migration71.php
>
> 付録 > PHP7.1.xからPHP 7.2.xへの移行
>
> http://php.net/manual/ja/migration72.php
>
> 付録 > PHP7.2.xからPHP 7.3.xへの移行
>
> http://php.net/manual/ja/migration73.php

新機能も目立ちますが、まず始めに見る必要があるのは「下位互換性のない変更点」です。下位互換性のない変更点は、既存のプログラムに影響が及びます。

14.3.1　(PHP7.2)　count()の仕様変更による警告の発生

PHPが7.2にバージョンアップされた際に、もっとも影響が大きかったのがcount()の仕様変更です。

リスト14.1: countableではない型に対してcount()（およびそのエイリアスであるsizeof())を使ったときにE_WARNINGが発生するようになりました

```
count(null), // NULL はカウントできません
count(1), // integer はカウントできません
count('abc'), // string はカウントできません
count(new stdclass), // Countable インターフェイスを実装していないオブジェクトはカウントで
きません
count([1,2]) // array はカウントできます
```

この影響はとても大きく、まだPHP7.2系の情報を収集しきれていなかった筆者の耳にまで届いてきたくらいです。

・PHP7.2のcountにハマった話
　―https://qiita.com/masaki-ogawa/items/1671d110b2286ececd09

・PHP 7.2: count()の仕様変更に遭遇している
　―http://m6u.hatenablog.com/entry/2018/02/01/095121

14.4　PHP 7.x.xで推奨されなくなる機能

「下位互換性のない変更点」の次に確認するのは、「推奨されなくなる機能」です。これは、今すぐ対応しなくても問題になることはありません。

ただし、利用することは推奨されず、将来的に削除される機能ですという予告の位置付けになります。削除されてから慌ててプログラムを修正するよりは、余裕を持って対応するほうが望ましいと言えます。

14.4.1　(PHP7.1)　mcryptの非推奨と廃止

「PHP 暗号化」で検索すると、mcryptを利用した暗号化がヒットすることがあります。PHP5系の頃は、mcryptを利用した暗号化はとても普及していました。

しかしながら、mcryptはPHP7.1で非推奨となり、PHP7.2で削除される機能です。

・mcrypt拡張モジュールは10年近くにわたって放置されており、極めて使いづらいものです。
・そこで、この拡張モジュールを非推奨にしました。かわりにOpenSSLを使いましょう。
・mcryptはPHP7.2でコアから削除されて、PECLに移る予定です。

「mcrypt拡張モジュールは10年近くも放置されてたのか！」と、ツッコミを入れたくなるところです。暗号化はとてもセンシティブであり、データの根幹に関わります。この事実を知らないままmcryptを使い続けてしまうと、後々の苦労が予想されます。

ただし、mcryptはPECLからインストールすれば使えます。あくまで、PHP本体としては強くOpenSSLを推奨しますというお話です。

・PHP 7.1.x で推奨されなくなる機能
　―http://php.net/manual/ja/migration71.deprecated.php

14.5　PHP7のメジャーバージョンアップによる高速化

PHP7では、内部的なデータ構造が変更されています。普通にPHPを使っているだけでは目に見えませんが、裏のデータ構造やメモリ領域はPHP5から大幅に効率化されています。

・PHP7はなぜ速いのか
　―https://www.slideshare.net/hnw/php7

メジャーバージョンアップでは、このように言語の深いレベルでも改修が行われます。ただし、その代償として万が一不具合に遭遇してしまうと、対処が容易ではありません。

これは何もPHPに限った話ではありませんが、筆者としてはメジャーバージョンがリリースされて少し経ってからバージョンアップすることをオススメします。そうしないと、周辺のComposer系のOSSもバージョンアップに追いついておらず、とても苦労する結果になります。

14.6 新機能・演算子・関数などの追加

下位互換性のない変更点や推奨されなくなる機能など、マイナスの話題が続きました。もちろん、PHPのバージョンアップには新たな追加もあります。演算子が追加されることもあれば、関数やクラス、グローバル定数が追加されることもあります。

14.6.1 (PHP7.0) 宇宙船演算子(<=>)

PHP7で追加された宇宙船演算子は、とても名前がカッコいい演算子で気に入っています。

リスト14.2: 宇宙船演算子

```
// 整数値
echo 1 <=> 1; // 0
echo 1 <=> 2; // -1
echo 2 <=> 1; // 1

// 浮動小数点数値
echo 1.5 <=> 1.5; // 0
echo 1.5 <=> 2.5; // -1
echo 2.5 <=> 1.5; // 1

// 文字列
echo "a" <=> "a"; // 0
echo "a" <=> "b"; // -1
echo "b" <=> "a"; // 1
```

ただし、使う機会はほとんどありません。それでも使ってみたいので、日々使う機会をうかがっているのですが。

用途としては、ソート関数を作ることに向いた演算子です。

14.6.2 (PHP7.3) ヒアドキュメントのインテント

PHP7.3から、ヒアドキュメントの終端をインデントすることができるようになりました。ヒアドキュメントの終端をインデントすると、自動的にヒアドキュメント内の文字列もインデントされているものとして扱われます。

リスト14.3:

```
// 今まではヒアドキュメントの終端を行の先頭に置く必要がありました
echo <<<END
あ
い
う
END;
echo "\n-----\n";

// PHP7.3ではヒアドキュメントをインデントすることができます
echo <<<END
    あ
    い
    う
    END;
```

なお、ヒアドキュメント内もインデントしないと次のエラーが発生します。

リスト14.4: ヒアドキュメントのインデントエラー

```
Parse error: Invalid body indentation level
(expecting an indentation level of at least 4)
```

14.7 PHP7の情報を得るには？

PHP7の細かい変更点は多岐に亘るため、本書では紹介しきれません。そこで、本書で興味を持たれた読者が、より深くPHP7を知るための書籍を紹介します。

14.7.1 Upgrading to PHP 7

O'Reillyの「Upgrading to PHP 7」は、電子書籍版が無料で公開されています。

・Upgrading to PHP 7 - O'Reilly Media
　―https://www.oreilly.com/web-platform/free/upgrading-to-php-seven.csp

英語のため、読むのは少し時間がかかるかもしれません。ただし、PHPのコードがメインのため比較的読みやすいです。コードを頼りにして読み進めるとオススメです。

本のタイトルの通り、PHP7系での変更点を解説した本です。宇宙船演算子の存在も、「Upgrading to PHP 7」を読んで知りました。

14.7.2　新登場PHP7 新機能と移行時の注意点

「WEB+DB PRESS総集編［Vol.1〜102］」を買うと、Pixiv社の「PHP大規模開発入門」の連載記事を読むことができます。Vol.90の連載に「新登場PHP7 新機能と移行時の注意点」という記事があり、とても参考になります。

・WEB+DB PRESS連載『PHP大規模開発入門』を振り返る
　—https://inside.pixiv.blog/tadsan/3991

14.7.3　PHP5.5/5.6入門 新機能の紹介とアップグレードの注意点

また、WEB+DB PRESSのVol.83には「PHP5.5/5.6入門 新機能の紹介とアップグレードの注意点」という記事があります。同じくPixiv社の「PHP大規模開発入門」です。

なお、PHPの良質な情報を得るための方法として、「WEB+DB PRESS」を読むことはオススメです。とくに総集編では、過去の記事がすべて読めます。

・WEB+DB PRESS総集編 ［Vol.1〜102］
　—https://gihyo.jp/book/2018/978-4-7741-9686-2

14.7.4　Kinsta社のブログ記事とQiita

インターネットでの変更点の確認は、公式ドキュメントの他、Kinsta社のブログとQiitaの@rana_kualuさんの記事がオススメです。

・PHP 7.2の変更点について（現在、利用可能になっている）
　—https://kinsta.com/jp/blog/php-7-2/
・PHP 7.3の新機能（Kinstaで利用可能）
　—https://kinsta.com/jp/blog/php-7-3/
・PHP7.2の新機能
　—https://qiita.com/rana_kualu/items/40ebed78742bfdbd1065
・PHP7.3.0 α 1の新機能
　—https://qiita.com/rana_kualu/items/a7c6be77e165bca0f3fc

第15章　良質なPHP情報を得るには?

15.1　雑誌

PHPは毎年バージョンアップを繰り返しているため、時流に乗った最新の知識も必要です。筆者がもっともオススメするのは、雑誌を使った情報収集です。

15.1.1　WEB+DB PRESS（技術評論社）

PHPに限らず、WEB系プログラムを書いている方であれば「WEB+DB PRESS」は読むことをオススメします。

本書の執筆時点では、VOYAGE GROUPの「事業を支えるPHP」が連載されています。

- 【第1回】異常系コードのリファクタリング
- 【第2回】配列徹底攻略 79個もある関数の使い方やハマりどころを厳選紹介！
- 【第3回】[体系的に学ぶ] PHPの継続的バージョンアップ 影響範囲の調査，互換性を保ったコードの書き換え，本番環境への適用
- 【第4回】開発時に使えるAPIモックサーバーの作成 素のPHPとビルトインWebサーバーでこんなに簡単！
- 【第5回】今日から始めるPHPアプリのコードレビュー 管理しやすいコードをチームで育てるポイント
- 【第6回】本当に知ってる？ php.ini アプリケーション設計から導かれる設定
- 【第7回】やり方いろいろ！ ユニットテスト 手軽なassert()とphpt、高機能なPHPUnitとPhake

「WEB+DB PRESS」は、偶数月に発売する隔月刊行です。

15.1.2　（ムック）WEB+DB PRESS 総集編（Vol.1 ～ Vol.102）

「WEB+DB PRESS」の総集編を買うと、なんと過去の連載や特集がすべて読めます。メルカリやCygamesの特集はバックエンドにPHPを採用しているため、PHPエンジニアにもオススメです。

- Vol.100 メルカリ 開発ノウハウ大公開 スピード開発のサーバーサイド
  —PHPのバージョンアップ
  —QA、開発、本番環境
  —リリースフロー
  —ローカライズ
  —パフォーマンス
- Vol.98 良いPHPコードを保つ技術 規約と指針を整備し、静的解析ツールを活かす（株式会社Cygames）
  —大規模PHP開発

—コーディング規約、ガイドライン
—phpcs, phpcbf, phpmd, SideCI

WEB+DB PRESS連載「PHP大規模開発入門」(Pixiv)

Pixiv社の「PHP大規模開発入門」の連載を読むだけでも、総集編を購入する価値は十分にあります。

・WEB+DB PRESS連載『PHP大規模開発入門』を振り返る
—https://inside.pixiv.blog/tadsan/3991

本書の執筆でもお世話になりました。ノウハウがコンパクトに凝縮されていて、かつ実践的です。

・Vol.80「モダンな開発環境を構築!」パッケージ管理、ビルトインサーバー、デバッグ、テスト
・Vol.81「テストコードのないアプリケーションの改修」
・Vol.82「安全なコードの書き方」エラーと例外処理の活用、PhpStormによる効率化、健全なチーム作り
・Vol.83「PHP 5.5/5.6入門」新機能の紹介とアップグレードの注意点
・Vol.84「高速な開発サイクルのためのデプロイ」巨大Gitリポジトリー運用、Composerでのライブラリー管理、ゼロダウンタイムリリース
・Vol.85「本番環境での不具合の発見と修正」例外やエラーの収集・可視化・通知、phpdbgによるデバッグ
・Vol.86「PHPによる画像処理」Imagickの使い方、最適化、非同期処理、動的サムネイル生成
・Vol.87「PHPDocでコードの品質を保つ」チームでの仕様共有、IDEによる入力補完
・Vol.88「HHVMでPHP実行速度を高速化しよう」インストール、設定、速度比較、運用監視
・Vol.89「ThriftとPHPで堅牢なAPIを構築しよう」言語間通信APIの作成、ドキュメント自動生成、活用事例
・Vol.90「新登場PHP 7」新機能と移行時の注意点
・Vol.91「名前空間とオートローディング」必要なクラスを無駄なくわかりやすく読み込む
・Vol.92「PHPからのHTTPリクエスト」ファイル操作関数、curl関数、Guzzleライブラリー
・Vol.93「PHPでコマンドラインプログラムを書く」バッチ処理、ジョブキュー、ログのストリーミング処理
・Vol.94「PHP初心者がハマりがちな落とし穴」型のキャスト、変数のリファレンス、引数による挙動の違い
・Vol.95「PHPの静的解析ツール」ドキュメントの生成、品質の計測、問題箇所の発見
・Vol.96「レガシーなプロダクトの改善」フレームワークを利用できない環境でのライブラリー活用
・Vol.97「PhpStorm徹底活用」人気IDEで高精度な入力補完、リファクタリングを実現

WEB+DB PRESS連載「巨人の肩からPHP」(PHPメンターズ)

PHP大規模開発入門が連載される前は、PHPメンターズの「巨人の肩からPHP」が連載されていました。

・WEB+DB PRESS連載「巨人の肩からPHP」最終回
　—http://phpmentors.jp/post/77212948742/wdpress-php-11

PHP7の登場以前で時代的には古くなってしまいましたが、内容はかなり貴重です。これも総集編に載っています。

・Vol.69 Behatによる振る舞い駆動開発
・Vol.70 Phake、Mockeryによるオブジェクト指向プログラミング(モックを使ったテスト)
・Vol.71 SymfonyではじめるDI
・Vol.72 HTTPでのキャッシュとESI
・Vol.73 BEAR.SundayでRESTfulなWeb開発
・Vol.74 TYPO3 Flowでドメイン駆動設計入門
・Vol.75 DSLによる問題空間と解決空間の分離
・Vol.76 Go!ではじめるAOP 横断的関心事の分離とその実装
・Vol.77 Doctrine Annotationsによる宣言的プログラミング
・Vol.78 PHP_Depend、PHP Mess Detectorによる静的解析
・Vol.79 Symfony ExpressionLanguageで式言語を試す

15.1.3　Software Design (技術評論社)

「Software Design」も「WEB+DB PRESS」と同じく定期刊行されている雑誌です。その歴史は古く、なんと1990年から刊行されています。

筆者としては、PHPに限らずWEB系のエンジニアであれば「Software Design」と「WEB+DB PRESS」を読んでおけば十分だと思っています。

15.1.4　(ムック) Software Design総集編(2013〜2017)

同じく総集編が発売されていて、過去の記事を読むことができます。たとえば、2016年9月号には「[第2特集] 使いこなせていますか? 良いPHP, 悪いPHP」という特集があります。

15.2　書籍

雑誌以外の書籍を使って中級者向けの情報を収集しようと思った場合、洋書まで手を広げないと難しいという現実があります。筆者も本書の執筆には洋書を参考にしました。

15.2.1　Upgrading to PHP 7 (オライリー)

オライリーの「Upgrading to PHP 7」は、PHP7時代の書き方や新機能を教えてくれます。しか

も無料です。

- Upgrading to PHP7: Get the free ebook
  —https://www.oreilly.com/web-platform/free/upgrading-to-php-seven.csp

コードがメインなので、英語が苦手でも読みやすかったです。本書の執筆でもお世話になりました。

15.2.2 Modern PHP: New Features and Good Practices （オライリー）

同じくオライリーの洋書です。良いPHPの書き方から、php-fpm、デプロイからホスティングにいたるまで全部盛りです。

- Modern PHP: New Features and Good Practices
  —https://www.amazon.co.jp/dp/1491905018/

ただし、2015年の前半に書かれているため情報が古いです。また、コードがメインでない章は英語を読まないとならないので、かなり苦労します。本書の執筆でも、少しだけお世話になりました。

15.2.3 その他の洋書

日本のAmazonでも洋書は販売されているため、Kindleで海外の技術書を読むことができます。たとえば、次の本はとても気になります。

- Learning MVC architecture with PHP: to exit beginners, before entering frameworks
  —https://www.amazon.co.jp/dp/B076MQHZ6N/

- Building RESTful Web Services with PHP 7: Lumen, Composer, API testing, Microservices, and more
  —https://www.amazon.co.jp/dp/B075CK8S7D/

筆者は英語の読み書きが苦手ですので、手を出せていません。英語が読めるようになりたいです。

ただし、コードがメインの本であれば意外と英語でも読めます（個人の感想です）。ここでは、洋書まで手を広げると中級者に向けたPHPの本は意外とある、という点だけお伝えしておきます。

15.3 イベント・カンファレンス

イベントやカンファレンスでは、「PHPカンファレンス」と「PHPerKaigi」が有名です。トークの質も高いので、迷ったら参加してみましょう。

15.3.1 PHPカンファレンス

PHPカンファレンスは、年に1回開催されています。今までは10月の開催だったのですが、東京オリンピックが開催される影響で、最近は開催月が流動的になりました。

また、東京の他にもさまざまな地域で開催されています。

- PHPカンファレンス仙台：https://phpcon-sendai.net/
- PHPカンファレンス福岡：https://phpcon.fukuoka.jp/
- PHPカンファレンス北海道：https://twitter.com/phpcondo
- PHPカンファレンス関西：https://twitter.com/phpcon_kansai
- PHPカンファレンス沖縄：（本書の執筆時点では、開催未定です）
- PHPカンファレンス：http://phpcon.php.gr.jp/

Youtubeでライブ配信とアーカイブ動画を視聴しよう！

PHPカンファレンスには、当日会場まで足を運ばなくても視聴できるライブ配信があります。筆者もPHPカンファレンス2018のLT（ライトニングトーク）はライブ配信で視聴しました。

また、過去の講演はアーカイブ動画としてYoutubeに公開されています。気になった講演があれば、ぜひとも視聴しましょう。

- PHPカンファレンス
  —https://www.youtube.com/user/PHPConferenceJP/
- PHPカンファレンス福岡
  —https://www.youtube.com/channel/UCoDkBdCiMDLZebhXsBJlXUA/
- PHPer Kaigi
  —https://www.youtube.com/channel/UCjRTsAj3qtcvnTj6IriRwgg/

15.3.2 PHPerKaigi

「PHPerKaigi」は、PHPエンジニアのお祭りです。（2019年は）前夜祭を含めた3日間で開催されました。2〜3日をかけて開催される大規模なイベントです。

- https://phperkaigi.jp/

15.3.3 PHP勉強会@東京

日本PHPユーザ会のメンバーが中心に運営しているPHPの勉強会です。

- https://phpstudy.doorkeeper.jp/

15.3.4 YYPHP

YYPHPは毎週金曜に開催しています。開催頻度が高いため、参加しやすいです。筆者も何度かお邪魔させてもらいました。

- https://yyphp.connpass.com/

参加者がPHPについての質問を持ち寄ることで、雑談ベースで話が進みます。

15.3.5　フレームワーク系のカンファレンス

フレームワーク系のカンファレンスでは、次のカンファレンスが有名です。

- LaravelJPConference
  —https://twitter.com/laraveljpcon
- CakeFest
  —https://cakefest.org/

なんと、2019年のCakePHPカンファレンスは日本で開催されます。CakePHPを採用している企業（BASEさんやコネヒトさんなど）が早速スポンサーになっていました。

15.3.6　まだ見ぬカンファレンスを探そう

ここでは筆者が知っている限りのイベントやカンファレンスを列挙してみました。ただ、筆者はそこまでカンファレンスに参加するタイプではありません。

そのため、筆者の知らないまだ見ぬカンファレンスがあるかもしれないことを、補足として追記しておきます。

15.4　ブログ

実際のプロダクトでPHPを活用している企業のエンジニアブログは、RSSフィードを購読すると参考になります。

15.4.1　たぶん月刊PHPニュース

PSRの翻訳でもおなじみのインフィニットループ社の技術ブログでは、「たぶん月刊PHPニュース」が連載されています。

- たぶん月刊PHPニュース
  —https://www.infiniteloop.co.jp/blog/2018/12/php-news-6/
  —https://www.infiniteloop.co.jp/blog/2018/11/php-news-5/
  —https://www.infiniteloop.co.jp/blog/2018/10/php-news-4/

15.4.2　PHPを採用している企業のエンジニアブログ

- コネヒトエンジニアブログ
  —http://tech.connehito.com/
- ぐるなびをちょっと良くするエンジニアブログ

—https://developers.gnavi.co.jp/

・ランサーズ（Lancers）エンジニアブログ
—https://engineer.blog.lancers.jp/

・BASE開発チームブログ
—https://devblog.thebase.in/

・VOYAGE GROUP techlog
—https://techlog.voyagegroup.com/

比較的規模の大きな企業では色々な話題が入り交じるため、PHP以外の記事も多くなっています。プロダクトをリリースするためにはインフラやデザインからチームビルディングにいたるまで、さまざまな技術が必要です。

今の自分には興味のない分野の記事であっても、将来的に役に立つことはあるかもしれません。

15.4.3 QiitaのPHPタグ

Qiitaでは「PHP」タグをフォローするのがオススメです。ただし、Qiitaには誰でも情報を投稿できる特徴があるため、記事の質が千差万別です。

もし記事に誤りを見つけたら、優しくコメントを残したり、修正リクエストを送信してあげると親切かと思います。

15.5 ポッドキャスト

ポッドキャストは音声メディアです。音声だけなので、普段の通勤や隙間時間で気軽に聴くことができます。

15.5.1 PHPの現場

PHPの現場は、Masashi Shinbara（@shin1x1）さんのポッドキャストです。

・PHPの現場
—https://php-genba.shin1x1.com/

ゲスト出演型のポッドキャストで、多種多様なトークが展開されます。PHPの話をしたり、データベースの話をしたり、カンファレンスの話だったりと内容もさまざまです。

トークの内容はとても濃いので、ぜひとも聴いてみることをオススメします！

第16章　Hack/HHVMとPHP

HHVM（HipHop Virtual Machine）は、実行時コンパイラ（JITコンパイラ、Just-In-Time Compiler）と呼ばれる方式で、PHPまたはHackと呼ばれるFacebook製のプログラミング言語を実行するための仮想マシンです。

・Moving fast with high performance Hack and PHP
　―https://hhvm.com/

HHVMは、中間言語への変換を経由して動的に機械語へとコンパイル・最適化を行うため、優れたパフォーマンスを発揮します。

16.1　HHVMのPHPサポートは終了へ

PHPの実行環境としても機能していたHHVMですが、PHPのサポートを段階的に終了することが発表されました。理由はいくつかあるかと思いますが、大きな理由としてPHP7によってPHPが早くなったため、HHVMで実行する必要がなくなった点が挙げられます。

・FacebookがHHVMでのPHPサポート終了の方針を発表
　―http://blogs.itmedia.co.jp/hokaritomoya/2018/09/facebookhhvmphp.html
・HHVM 3.30登場、PHPをサポートする最後のバージョン
　―https://news.mynavi.jp/article/20181220-742954/

16.2　Hackとは？

HHVMのPHPサポートは終了へ進んでますが、HHVMではFacebook製のプログラミング言語Hackを実行することができます。HackはPHPを拡張したような言語で、次のような点が異なります。

・型付けプログラミング言語のエッセンスを取り入れて型付けを厳密にしている
・Asyncによる非同期プログラミングを柔軟に行うなうことができる
・PHPの配列を用途別に「Vector, ImmVector, Map, ImmMap, Set, ImmSet, Pair」と細分化している
・Tuple（タプル）やEnumなどを使いやすいように言語レベルでサポート

インフィニットループ様の記事にも、PHP7とHHVM/Hack言語の違いが解説されていますので、ぜひご参照ください。

・PHP7とHHVM/Hack言語って何が違うの？
　―https://www.infiniteloop.co.jp/blog/2018/07/difference-between-php7-and-hhvm-hack/

16.3 HHVMのインストール

HHVMのインストールは、公式マニュアルに沿って行います。なお、本書の執筆時点では次の環境を公式サポートしています。

・Linux
・Mac
・Docker
・HHVM > Learn > Getting Started
　―http://docs.hhvm.com/hhvm/getting-started/getting-started

リスト16.1: Installation: Ubuntu

```
apt-get update
apt-get install software-properties-common apt-transport-https
apt-key adv --recv-keys --keyserver \
    hkp://keyserver.ubuntu.com:80 0xB4112585D386EB94

add-apt-repository https://dl.hhvm.com/ubuntu
apt-get update
apt-get install hhvm
```

リスト16.2: Installation: Debian8,9

```
apt-get update
apt-get install -y apt-transport-https software-properties-common
apt-key adv --recv-keys --keyserver \
    hkp://keyserver.ubuntu.com:80 0xB4112585D386EB94

add-apt-repository https://dl.hhvm.com/debian
apt-get update
apt-get install hhvm
```

リスト16.3: Installation: Mac

```
brew tap hhvm/hhvm
brew install hhvm
```

リスト16.4: Installation: Docker

```
docker pull hhvm/hhvm
docker run --tty --interactive hhvm/hhvm:latest /bin/bash -l
hhvm --version
```

インストールが完了したら、Hackで記述したプログラムを「hhvm yourprogram.hh」で実行することができます。

16.4 PHPにも他の選択肢があることを知っておこう

本書はPHPそのものを対象とした本ですが、あえてHackを紹介しました。その理由は、PHPにも影響を受けた派生系のプログラミング言語がある、という選択肢を知って欲しかったからです。

他のプログラミング言語では動きも活発ですので、いくつか参考として紹介します。

16.4.1 （Ruby） Crystal（クリスタル）

Crystalというプログラミング言語は、「静的型付けを持つRuby」と呼ばれています。Rubyの書きやすさに静的型付けを加えた言語で、日本にもCrystalの普及を目的としたCrystal-JPという団体があります。

- Crystal-JP
  —https://crystal.connpass.com/

筆者がCrystalを知ったきっかけは、技術書典4で一緒にサークル参加したat_grandpaさんが、Crystal-JPの管理者だったことに由来します。

16.4.2 （Ruby） mruby

mrubyは、主に組み込みシステムなどに向けて開発されている軽量なRubyです。組込みシステムでは潤沢なメモリーが用意できないことも多いため、省エネのRubyを目指して開発が進められています。

開発はGitHub上で進められており、Rubyの開発者であるまつもとゆきひろ氏をはじめ、本書の執筆時点では200名以上のコントリビューターがいます。

- mruby/mruby: Lightweight Ruby
  —https://github.com/mruby/mruby

16.4.3 （Python） Cython

Cythonは、C言語によるPythonの拡張モジュールの作成の労力を軽減することを目的として開発されているプログラミング言語です。プログラムをC/C++にコンパイルすることで、Pythonと同程度の使い勝手でC並みの実行速度を実現します。

・Cython入門 > Cythonとは
　—http://omake.accense.com/static/doc-ja/cython/src/quickstart/overview.html

> Cythonは、Pythonをベースにしたプログラミング言語です。Cythonでは、静的なデータ型の宣言を行えるように、文法をいくつか追加しています。高水準、オブジェクト指向、機能性、動的プログラミングといった特徴を備えたPythonのスーパーセットを目指しています。CythonのソースコードはCythonの最適化済みのC/C++コードに翻訳されて、Pythonの拡張モジュールとしてコンパイルされます。そのため、とても高速に実行できるプログラムや、外部のCライブラリーをがっちり組み込んだプログラムを、Pythonおなじみの高い生産性を失わずに実現できるのです。

16.5 周辺の動向にも注目しよう！

こういった元の言語に影響を受けて誕生する新たなプログラミング言語は、言語をより強化するための目的で開発されたり、何かに特化するなどの目的で開発されます。

周辺の動向にも目を光らせておくと、自分が今使っているプログラミング言語を俯瞰してみることができます。PHPにも、得意なことと苦手なことがあります。今後もPHPの影響を受けたプログラミング言語が新たに誕生するかもしれません。

Hack/HHVMの採用事例

日本でのHack/HHVMの採用事例として、スカイディスク社が挙げられます。公開されているPHPカンファレンス2017の発表資料を紹介します。

・Hack/HHVMの最新事情とメイン言語に採用した理由
　—https://www.slideshare.net/yujiotani16/hackhhvm

・ポイント1：強力なタイプヒンティング
・ポイント2：専用のコレクション
・ポイント3：コードの効率化に役立つ独自の言語仕様
・ポイント4：並列実行のサポート
・ポイント5：静的解析ツール
・ポイント6：大規模サービスでの開発実績
・弱点1：リリースサイクルがとても早い
・弱点2：LTSサポートは約1年間
・弱点3：ググラビリティが低い（情報量はPHPに比べて劣る）

付録A （PHP5.4）ビルトインウェブサーバー

PHP5.4から導入された機能に、ビルトインウェブサーバーがあります。

> **PHPマニュアルより**
>
> 機能 > コマンドラインの使用法 > ビルトインウェブサーバー
>
> http://php.net/manual/ja/features.commandline.webserver.php

ビルトインウェブサーバーは、コマンドラインのPHPから呼び出すことができます。ワンコマンドで起動できるので、ちょっとしたPHPコードの動作検証や、初学者がPHPを学習するにはとても重宝する存在です。

A.1 ビルトインウェブサーバーのメリット

- PHPさえインストールされていれば、インスタントにWebサーバーを立ち上げることができる
- PHPファイル以外の、静的ファイル（画像や動画など）のアクセスにも対応している
- ApacheやNginxといったWebサーバーをわざわざ立てる必要がない

ビルトインウェブサーバーは意外と万能で、PHPの動的ファイルの他にも、多くの静的ファイルのアクセスに対応しています。

- .apk, .avi, .bmp, .css, .csv, .docx, .flac, .gif, .gz
- .html, .ics, .jpg, .js, .kml, .kmz, .m4a, .mov, .mp3
- .mp4, .mpeg, .mpg, .odp, .ods, .odt, .pdf, .pdf, .png

他にもたくさんあります。詳細は公式マニュアルをご確認ください

A.2 ビルトインウェブサーバーの基本文法

リストA.1:

```
php -S [ホスト名]:[ポート番号] -t [ドキュメントルート]
```

- ホスト名： アクセスを待ち受けるホスト名
- ポート番号： アクセスを待ち受けるポート番号
- ドキュメントルート： ここで指定したディレクトリー以下のPHPファイルや静的ファイルに、ユーザーはブラウザーからアクセス出来る

本書のサンプルに、ビルトインウェブサーバーでの起動を想定した「public」というディレクト

リーを作ってあります。

A.2.1 静的ファイル（画像）にアクセスしてみる

さっそく起動して、まずは静的ファイル（画像）にアクセスしてみましょう。

リストA.2: ローカルホストの8000番で待ち受けるPHPサーバーを立ち上げる

```
cd /path/to/your/techbook-leveluphp-sample/
php -S localhost:8000 -t public
```

本書のサンプルには、動作確認用にpublicの下にhello-cli-server.jpgという画像ファイルが付属しています。

図A.1: http://localhost:8000/hello-cli-server.jpg

ブラウザーからURLでアクセスすると、画像が表示されます。ビルトインウェブサーバーが、画像ファイルを読み込んで返却していることが確認できました。

A.2.2 PHPファイルにアクセスしてみる

続けて、次のようなPHPファイルにアクセスしてみます。

リストA.3: public/hello-cli-server.php

```
<?php
echo "Hello cli server!!";
```

「`http://localhost:8000/hello-cli-server.php`」にアクセスすると、PHPファイルが実行されて「Hello cli server!!」と表示されます。

ビルトインウェブサーバーを使うと、URLを経由してドキュメントルートの下にあるPHPファイルや、画像などの静的ファイルにアクセスできます。これがPHPひとつで出来てしまうのですから、大変お手軽です。

なお、ドキュメントルートを省略すると、カレントディレクトリーがドキュメントルートになります。

リストA.4: カレントディレクトリーをドキュメントルートにして起動する

```
cd /path/to/your/techbook-levelupphp-sample/public
php -S localhost:8000
```

A.3 「-d」オプションによる設定変更

「-d」オプションを使うと、php.iniの設定を上書きすることができます。

リストA.5: メモリーの限界値を64MBにして起動する

```
php -d memory_limit=64M -S localhost:8000 public/router.php
```

今回はビルトインウェブサーバーで使用していますが、扱うデータ量が多い大規模バッチで、例外的に設定の限界値を上げたいといったケースでも有効です。

A.4 ビルトインウェブサーバーで学ぶルーティングエンジン

筆者がビルトインウェブサーバーをオススメする最大の理由は、フレームワークのルーティングエンジンをお手軽に学ぶことができる点にあります。

「-t」でドキュメントルートを指定せずにPHPファイルを指定すると、ビルトインウェブサーバーへのアクセスはルーターのPHPファイルに集約されます。

リストA.6: ドキュメントルートの代わりにPHPファイルを指定する

```
php -S localhost:8000 public/router.php
```

本書のサンプル用に、ルーティングファイルを開発してみました。アクセスを集約したルーティングエンジンが、対応するコントローラー（PHPファイル）を読み込んで実行している過程を垣間見ることができます。

リストA.7: お手軽なルーティングエンジン(public/router.php)

```
<?php
// ルーティング設定
$routerConfig = [
    '/phpinfo' => '/phpinfo'
];

// ルーティングはURIのパスを基に判定します
```

```
// 単純に使うと?クエリで誤判定するので、パスだけ抜き出します
$uriPath = parse_url($_SERVER['REQUEST_URI'])['path'];

// ルーティング設定に存在しない不正なURIを弾きます。
if (!isset($routerConfig[$uriPath])) {
    header("HTTP/1.0 404 Not Found");
    return;
}

// controllerの下にある、パスに対応したPHPファイルを呼び出します。
$basePath = __DIR__.'/../controller';
$ctrlPath = realpath($basePath.$routerConfig[$uriPath].'.php');
if ($ctrlPath) {
    require($ctrlPath);
} else {
    // ルーティング設定をメンテナンスしていれば、来ることはない
    header("HTTP/1.0 500 Internal Server Error");
    return;
}
```

実際はもっと複雑な処理をしているのかもしれませんが、極端にいうとフレームワークのルーティングエンジンはアクセスによって呼び出すコントローラーを振り分けるだけの存在です。

不用意なファイルが読み込まれないように、不正なURIはきっちり弾くようにする必要がある点だけは注意してください。

図 A.2: http://localhost:8000/phpinfo

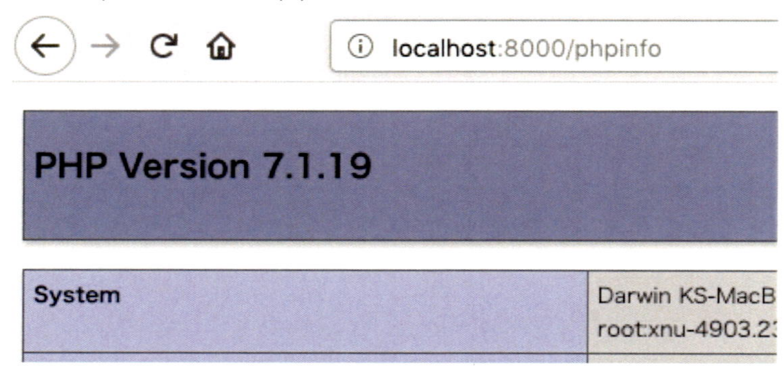

A.4.1 アクセスの集約をWebサーバーの設定で書いてみる

ビルトインウェブサーバーのアクセスの集約を、Webサーバー（Apache）の設定で再現した場合は大体こんな感じになるかと思います。

リスト A.8: 試しに Apache でアクセスの集約を書いてみた

```
<VirtualHost *:80>
    ServerName default

    # プロジェクト直下にしてしまうと、最悪ブラウザーアクセスで全てのファイルが
    # 閲覧されてしまうかもしれないので、
    # 外部に公開するディレクトリーだけ晒します。
    DocumentRoot "/path/to/your/project/public"
    DirectoryIndex index.php

    # /path/to/your/project/publicのアクセスを許可する
    <Directory /path/to/your/project/public>
        Options Indexes FollowSymLinks MultiViews
        AllowOverride all
        Order allow,deny
        allow from all
    </Directory>

    <IfModule mod_rewrite.c>
        RewriteEngine on

        # アクセスを/path/to/your/project/public/index.phpに集約します。
        # CSSのアクセスであれば集約しないなどの設定を追加することが多いです。
        RewriteRule ^(.*)$ /index.php [L]
    </IfModule>
</VirtualHost>
```

リライトエンジンでアクセス先を切り替える事で、すべてのアクセスを「index.php（ルーティングファイル）」に集約しています。

ユーザーが本来アクセスしようとしているURIは「$_SERVER」で取得できます。アクセスの振り分け方法は先ほど説明した通りです。

本書はApacheの本ではありませんので、詳細は割愛させていただきます。PHPを使いこなそうと思うと、Webサーバーとの連携が重要になってくるという点は留意しておくと良いかと思います。

開発時に使えるAPIモックサーバー

WEB+DB PRESS Vol.105 に「【第４回】開発時に使える API モックサーバーの作成 素の PHP とビルトイン Web サーバーでこんなに簡単！」という記事があります。ビルトインウェブサーバーからお手軽に JSON を返却することで、モバイルアプリやフロントエンド SPA 向けの API モックサーバーとして動かすという内容です。

WEB+DB PRESS の総集編は Vol.102 までしか収録されていないため、単体での購入となってしまいますが、興味がある方はぜひご参照ください。

付録B　PHPエンジニアとサーバーサイド

本書はPHPの言語そのものをターゲットとしたおり、ミドルウェアを解説する本ではありません。

しかしPHPを実務で活用する場合、そのPHPが動作する環境については知っておいたほうが良いでしょう。ここで少し紹介します。

B.1　Apache + mod_php

統計を取っているわけではありませんが、おそらく世の中のPHPの多くは「Apache + mod_php」で動いていると推測します。Apacheはウェブサーバーで、mod_phpのモジュールを組み合わせて使います。

なお、Dockerには「Apache + mod_php7」の公式イメージがあり、お手軽に体感することも可能です。

- php: Docker Official Images
  —https://hub.docker.com/_/php/

リストB.1: 公式イメージを使って、PHPでDockerを活用する例

```
// ApacheがインストールΣ済みで、すぐにWebサーバーとして起動するPHPのDockerを利用する
FROM php:7.3-apache

# mod_rewriteを有効にする
# フレームワークのルーティングエンジンによるアクセスの集約などでよく使います
RUN a2enmod rewrite

# Composerのパッケージインストールで、Gitクライアントを使います
RUN apt-get update && apt-get install -y git && apt-get clean

#...
```

「Apache + mod_php7」を採用する最大の利点は、枯れていることです。歴史が長く、世の中に情報がたくさんあります。麻雀でたとえるならば、安全牌のような存在です。

PHPをサーバーサイドで動かそうと思ったら、まずは「Apache + mod_php7」を試してみると良いでしょう。

B.2 Nginx + php-fpm

Nginxは軽量ウェブサーバーです。Nginxそのものは、PHPプログラムを処理するわけではありません。その多くは、php-fpmと組み合わせて使われます。

・FastCGI Process Manager (FPM)
—http://php.net/manual/ja/install.fpm.php

Nginxはキャッシュ機構が優れており、静的ファイルのアクセスに強い特徴があります。また、シングルスレッドを採用しており、高パフォーマンスを発揮します。

「Nginx + php-fpm」の環境下では、動的ページ（PHPが必要なページ）のアクセスはphp-fpmが捌きます。具体的には、Nginxがphp-fpmへリクエストを転送しています。FuelPHPでの例を、参考として紹介します。

・インストール - FuelPHPドキュメント
—http://fuelphp.jp/docs/1.9/installation/instructions.html#/nginx

リストB.2: FuelPHPでのNginxの設定例

```
server {
  server_name fuelphp.local;

  # これらのファイルに Nginx が書き込めることを確認する
  access_log /var/www/fuelphp/nginxlogs/access.log;
  error_log /var/www/fuelphp/nginxlogs/error.log;
  root /var/www/fuelphp/public;

  location / {
      index index.php;
      try_files $uri $uri/ /index.php$is_args$args;
  }

  location ~ \.php$ {
      include /etc/nginx/fastcgi_params;
      # php-fpmはlocalhostの9000番ポートで動かしています
      fastcgi_pass 127.0.0.1:9000;
      # 起点となるファイルはindex.phpである
      fastcgi_index index.php;
      fastcgi_param FUEL_ENV "production";
      fastcgi_param SCRIPT_FILENAME $document_root$fastcgi_script_name;
  }
}
```

フレームワークを採用すると、その多くのドキュメントにサーバー上で稼働させる方法が載っています。まずはそれに沿ってWebサーバーを立ち上げてみてはいかがでしょうか。

B.3　Web三層アーキテクチャー

NginxとApacheを組み合わせると、Web三層アーキテクチャーを構築することができます。なお、APPサーバーはアプリケーションサーバーの略称です。

- Webサーバー： Nginx、静的ファイルの処理とAPPサーバーへのアクセスの転送、およびロードバランス（負荷分散）を行う
- APPサーバー： Apache + mod_phpの構成で、Webサーバーから渡ってきたPHPが必要な動的ページのアクセスを捌く
- DBサーバー： MySQL、PostgreSQLなどのデータベースサーバー

一般ユーザーはWebサーバーにアクセスします。そこでは、静的ファイルの返却やAPPサーバーへのロードバランス（負荷分散）が行われ、転送されたPHPへのアクセスはAPPサーバーにいるApacheが対応します。

キャッシュが優れているNginxを静的ファイルのサーバーとして活用しながら、APPサーバーは枯れたApache構成で動かそうという発想です。

なお、最近はクラウドサービス側のロードバランサーを採用されることが増えたため、このような構成を自前で構築するのは減少傾向にあります。自前で作らないことも立派な選択肢のひとつです。

B.4　OSとミドルウェアを学習しよう

PHPでは、LAMPもしくはLAPPといったサーバー構成が選択されることが多いです。

- LAMP: Linux, Apache, MySQL, PHP
- LAPP: Linux, Apache, PostgreSQL, PHP

LAMPとLAPPでは、採用するDBが違います。Webシステムのサーバー構成について学習する場合、まずはPHPが動作するOSの学習やWebサーバーの構築、DBサーバーの学習からはじめることを推奨します。

B.5　LPI教科書ではじめるサーバーサイド学習

LPI-Japanが提供しているLinux教科書は、なんと無料でダウンロードすることができます。しかも、無料なのに内容が濃いです。

- Linux標準教科書
  —https://linuc.org/textbooks/linux/
- Linuxサーバー構築標準教科書
  —https://linuc.org/textbooks/server/
- Linuxセキュリティー標準教科書

―http://linuc.org/textbooks/security/

・オープンソースデータベース標準教科書 -PostgreSQL-

―http://oss-db.jp/ossdbtext/text.shtml

ただし、CentOS6系の最新でないOSを使っている教材もあるため、注意が必要です。

付録C　静的コード解析と周辺ツール

静的コード解析はPHPの言語そのものではありませんが、品質の向上や良質なPHPの書き方を学ぶことができる（矯正される）メリットがあります。

本書でも、簡単ではありますが触れておきたいと思います。

C.1　エディターのプラグインを活用する

PHPのコードを静的解析する場合、真っ先に検討するのがエディターの拡張やプラグインです。エディター上でのコード解析はお手軽で、かつもっとも素早く問題に気づくことができます。

C.1.1　Visuel Studio CodeのPHP拡張機能

Visuel Studio Codeには、次のような有名なプラグインがあります。

・PHP IntelliSense

・PHP Formatter

・PHP Debug

@ITに特集記事がありますので、まずはそれを読んでみるのがオススメです。

・PHPプログラミングも快適に！ VS Codeの二大拡張機能
　―http://www.atmarkit.co.jp/ait/articles/1809/11/news028.html

C.1.2　PHP向けの王道IDE PhpStorm

・PhpStorm: Lightning-Smart IDE for PHP Programming by JetBrains
　―https://www.jetbrains.com/phpstorm/

PhpStormは、PHP向けに開発されたIDE（統合開発環境）です。予算が許すのであれば、PhpStormはとても有効な選択肢です。

筆者は普段、Visuel Studio Codeで開発していますが、PhpStormのライセンスを買うか迷っています。30日の試用版があるので、まずはそれで試してみようかと思っています。

C.2　周辺ツールとの組み合わせ

PHPには、さまざまな周辺ツールがあります。簡単ですが紹介します。

C.3 ドキュメント生成

C.3.1 ApiGen

ApiGenは、コードからドキュメントを自動生成します。ここで言うAPIは、純粋なApplication Programming Interfaceのことです。

- PHP 7.1 ready Smart and Simple Documentation for your PHP project
  —https://github.com/ApiGen/ApiGen

C.3.2 phpDocumentor

PHPDocの名前でもお馴染みの、老舗のドキュメント生成ツールです。プログラム内に、PHPDoc形式のコメントを書く必要があります。

- phpDocumentor analyzes your code to create great documentation
  —https://www.phpdoc.org/

C.4 静的解析

C.4.1 PhpMetrics

PhpMetricsは、コードの良し悪しを解析してくれる静的ツールです。

- PhpMetrics Static analyzer for PHP
  —https://www.phpmetrics.org/

図C.1: Demo

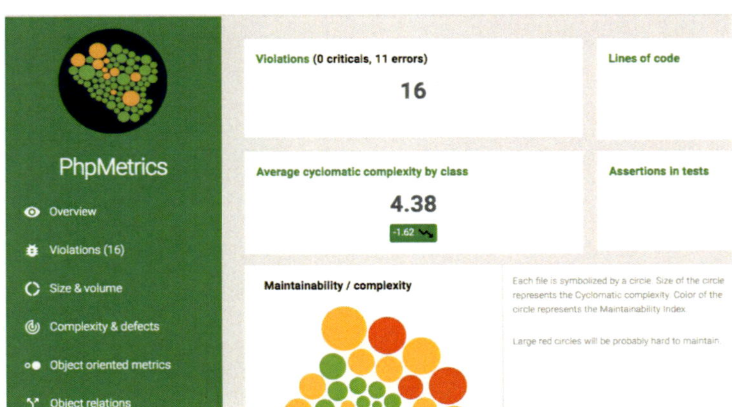

C.4.2 Phan

Phanは、PHPの静的解析ツールです。なんと、PHP作者のRasmus Lerdorf氏も開発に参加していた実績があります。

- Phan is a static analyzer for PHP.
  —https://github.com/phan/phan

筆者がPhanを知ったきっかけは、「PHPカンファレンス2016」の@tadsanさんのPhanセッションです。

- Phan静的解析がもたらす大PHP型検査時代
  —https://devpixiv.hatenablog.com/entry/2016/11/11/202656
- Phanは次のような項目を検出できます。
  —関数・クラス・定数・変数などがすべて定義済みか、アクセスできるか
  —関数の型と引数の数が合ってるか
  —PHP5とPHP7の後方互換性
  —値が配列アクセス可能か
  —安全な二項演算か（$a + $bが不正な型の計算ではないか）
  —関数の返り値の型
  —無用な配列・クロージャ・定数・変数など
  —デッドコード
  —クラス・関数などが再定義されてないか
  —未定義クラスでキャッチしようとしてないか

C.4.3 PHPStan

PHPStanは、Phanと同じくPHPの静的解析ツールです。

- PHP Static Analysis Tool - discover bugs in your code without running it!
  —https://github.com/phpstan/phpstan

コネヒト社のブログ記事に、Phanとの詳しい比較が掲載されています。
- PHPコードの解析をPhanからPHPStanに移行しようか検討しています
  —http://tech.connehito.com/entry/phan-or-phpstan

総論として次のように書かれていますが、どちらも人気・実績ともに申し分のないライブラリーですので、気に入ったほうを採用するのがオススメです。
- ドキュメントが割と丁寧で、完全に静的な解析ができるPhan

・静的解析を諦めることで、柔軟さと軽量さを手に入れたPHPStan

C.4.4 phpcs & phpcbf

PSRに準拠しているかなど、コーディング規約やスタイル準拠のチェックに使います。

・PHP_CodeSniffer tokenizes PHP... defined set of coding standards.
　―https://github.com/squizlabs/PHP_CodeSniffer
・phpcs & phpcbf コマンドについてメモ
　―https://qiita.com/ukyooo/items/c1c7d12ec8e11f33139b

phpcsはコーディングスタイルへの準拠を判定し、phpcbfはコーディングスタイルに合わせてコードを整形します。

C.4.5 phpmd

潜在的なバグが起きそうな場所や、実装上の問題など、様々な問題を検出してくれるツールです。

・PHPMD is a spin-off project of PHP Depend...
　―https://github.com/phpmd/phpmd

C.5 デバッグ

C.5.1 Xdebug

息の長いPHPのデバッグ用ツールで、10年を超える歴史があるベストセラーです。PECLの拡張モジュールとしてインストールします。

・Xdebug is an extension for PHP to assist with debugging and development.
　―https://xdebug.org/

C.6 ユニットテスト

C.6.1 PHPUnit

PHPで単体テストと聞いて、真っ先に思い浮かぶのがPHPUnitです。Composerからインストールすることができます。

単体テストは書くことを習慣づけないとなかなか定着しません（筆者もまだまだです）。幸い、インストールはComposerからコマンドひとつです。まずは書いてみて、少しずつ慣れていってみてはいかがでしょうか？

・PHPUnit マニュアル

—https://phpunit.readthedocs.io/ja/latest/index.html
- PHPUnit で PHP コードのユニットテストを行う
  —https://www.elp.co.jp/staffblog/?p=5890

C.6.2 Atoum

Atoumは、PHPUnitと同じくユニットテストのツールです。

- A simple, modern and intuitive unit testing framework for PHP!
  —https://github.com/atoum/atoum

jQueryのメソッドチェーンのように、数珠つなぎでテストを書く特徴があります。特徴的な書き方ですが、直感的に書けるので有力な選択肢のひとつです。

リストC.1:

```
$this->integer(150)
    ->isGreaterThan(100)
    ->isLowerThanOrEqualTo(200);
```

C.7 気になったツールを試してみよう

いくつかツールを紹介してみました。それらの多くは、Composerやwget（ダウンロード）経由でインストールできます。以前は大変なインストールを強いられることもありましたが、現在はお手軽になりました。

リストC.2: コマンドラインで起動できるツールがある場合の利用例

```
php composer.phar require "[ツール]" --dev
./vendor/bin/[ツール]
```

まずはローカル環境で、実験してみてはいかがでしょうか？そして、最終的にはこれらをCIの環境下で動作させると、継続的にコード解析が実行される環境ができあがります。

もちろん、すべてのツールを使う必要はありませんし、お手軽さで言えばエディターのプラグインに軍配が上がります。まずはエディターのプラグインから、PHPプログラムの品質向上にチャレンジしてみませんか？

付録D　セキュリティー

セキュリティーについて本書では取り上げていませんが、すでに世の中に良書がたくさんあります。特に情報セキュリティーの専門家としても有名な徳丸浩さんが執筆した「体系的に学ぶ 安全なWebアプリケーションの作り方」がオススメです。

- 体系的に学ぶ 安全なWebアプリケーションの作り方 第2版 脆弱性が生まれる原理と対策の実践（徳丸 浩著／SBクリエイティブ刊）
  —https://www.sbcr.jp/products/4797393163.html
- 安全なウェブサイトの作り方（IPA情報処理推進機構が発行している無料の電子書籍）
  —https://www.ipa.go.jp/security/vuln/websecurity.html
- 独習PHP（山田 祥寛著／翔泳社刊）
  —https://www.shoeisha.co.jp/book/detail/9784798135472
- パーフェクトPHP（小川 雄大、柄沢 聡太郎、橋口 誠著／技術評論社刊）
  —http://gihyo.jp/book/2010/978-4-7741-4437-5

徳丸さんはPHPカンファレンスでも講演を行っており、アーカイブ動画が配信されています。動画で理解を深めたい方にオススメです。

- PHP Conference2016 安全なPHPアプリケーションの作り方2016
  —https://www.youtube.com/watch?v=EsAyzEeoWiQ

付録E　主要参考文献

E.1　雑誌・ムック

・WEB+DB PRESS 総集編（Vol.1 ～ Vol.102）：技術評論社 2018年

・WEB+DB PRESS Vol.103 ～ Vol.108：技術評論社 2018年

・Software Design 総集編【2013~2017】：技術評論社 2018年

E.2　書籍

・Modern PHP: New Features and Good Practices: O'Reilly Media 2015年: Josh Lockhart

・Upgrading to PHP 7: O'Reilly Media: Davey Shafik

あとがき

PHPというプログラミング言語は、誰でも使える言語を目指して開発されました。PHPの発案者であるRasmus Lerdorf氏は、次のように語っています。

> PHP is about as exciting as your toothbrush. You use it every day, it does the job, it is a simple tool, so what? Who would want to read about toothbrushes?
> 「PHPは歯ブラシのように日常的に使われる。歯ブラシについて書物を漁る人がいるか？」
> 引用： https://www.sitepoint.com/phps-creator-rasmus-lerdorf/2/

PHPはシンプルなプログラミング言語としてスタートしました。しかしながら、ビジネス競争の加速、パフォーマンスの追求、セキュリティーの重要性などの時流により、毎年のように進化を繰り返しています。

新しい機能には、必ず意味がある

労力をかけて言語に実装される新機能や新演算子には、必要とされる理由が必ずあります。私たちに必要なのは、実装の目的や意図を汲み取ることです。プログラミング言語の成長とともに、私たちも成長していく必要があるのです。

謝辞

本書を購入してくださったみなさま、技術書典という機会を提供してくださった運営のみなさま、本書の相談にのっていただいたYYPHPのみなさま、商業化のお声がけをしてくださったインプレスR&Dの山城様、表紙イラストを描いてくださった藤依ひなさんをはじめ、さまざまな皆様にお世話になりました。

この場をお借りして、深く御礼申し上げます。

著者紹介

佐々木 勝広（ささき かつひろ）

本を書いてみたいという欲求から、技術同人誌の執筆活動を始めました。「このすみ堂」というサークルで活動しています。個人サークルでの執筆の他、合同誌での共著や寄稿も行なっています。
仕事では、サーバーサイド、モバイルアプリ、フロントエンドを開発しています。
技術書典4「Firebase Realtime DatabaseとReact.jsで始めるリアルタイムアプリケーション入門」／技術書典5「エンジニアアンチパターン」「PHP中級者を目指す」／コミックマーケット95「ワンストップ見積もり本（合同誌共著）」／技術書典6「プログラミング言語Kuin」「ワンストップ勉強会（合同誌共著）」「挫折論への招待（寄稿）」

◎本書スタッフ
アートディレクター/装丁：岡田章志＋GY
編集協力：飯嶋玲子
デジタル編集：栗原 翔

〈表紙イラスト〉
藤依 ひな（ふじより ひな）
イラストレーター。twitter・pixivを中心に、イラストを掲載中。趣味：ゲーム攻略ブログ運営、フリーイラストサイト運営、農業など。

技術の泉シリーズ・刊行によせて
技術者の知見のアウトプットである技術同人誌は、急速に認知度を高めています。インプレスR&Dは国内最大級の即売会「技術書典」（https://techbookfest.org/）で頒布された技術同人誌を底本とした商業書籍を2016年より刊行し、これらを中心とした『技術書典シリーズ』を展開してきました。2019年4月、より幅広い技術同人誌を対象とし、最新の知見を発信するために『技術の泉シリーズ』へリニューアルしました。今後は「技術書典」をはじめとした各種即売会や、勉強会・LT会などで頒布された技術同人誌を底本とした商業書籍を刊行し、技術同人誌の普及と発展に貢献することを目指します。エンジニアの"知の結晶"である技術同人誌の世界に、より多くの方が触れていただくきっかけになれば幸いです。

株式会社インプレスR&D
技術の泉シリーズ　編集長 山城 敬

●お断り
掲載したURLは2019年3月1日現在のものです。サイトの都合で変更されることがあります。また、電子版ではURLにハイパーリンクを設定していますが、端末やビューアー、リンク先のファイルタイプによっては表示されないことがあります。あらかじめご了承ください。
●本書の内容についてのお問い合わせ先
株式会社インプレスR&D　メール窓口
np-info@impress.co.jp
件名に「『本書名』問い合わせ係」と明記してお送りください。
電話やFAX、郵便でのご質問にはお答えできません。返信までには、しばらくお時間をいただく場合があります。
なお、本書の範囲を超えるご質問にはお答えしかねますので、あらかじめご了承ください。
また、本書の内容についてはNextPublishingオフィシャルWebサイトにて情報を公開しております。
https://nextpublishing.jp/

●落丁・乱丁本はお手数ですが、インプレスカスタマーセンターまでお送りください。送料弊社負担に てお取り替えさせていただきます。但し、古書店で購入されたものについてはお取り替えできません。
■読者の窓口
インプレスカスタマーセンター
〒 101-0051
東京都千代田区神田神保町一丁目 105番地
TEL 03-6837-5016／FAX 03-6837-5023
info@impress.co.jp
■書店／販売店のご注文窓口
株式会社インプレス受注センター
TEL 048-449-8040／FAX 048-449-8041

技術の泉シリーズ
レベルアップPHP ～言語を理解して中級者へ～

2019年4月12日　初版発行Ver.1.0（PDF版）

著　者　佐々木 勝広
編集人　山城 敬
発行人　井芹 昌信
発　行　株式会社インプレスR&D
〒101-0051
東京都千代田区神田神保町一丁目105番地
https://nextpublishing.jp/
発　売　株式会社インプレス
〒101-0051　東京都千代田区神田神保町一丁目105番地

印刷・製本　京葉流通倉庫株式会社
Printed in Japan

ISBN978-4-8443-9690-1

NextPublishing®
●本書はNextPublishingメソッドによって発行されています。
NextPublishingメソッドは株式会社インプレスR&Dが開発した、電子書籍と印刷書籍を同時発行できるデジタルファースト型の新出版方式です。 https://nextpublishing.jp/